网络空间安全专业规划教材

总主编　杨义先　　执行主编　李小勇

U0309706

信息隐藏与数字水印

杨榆　雷敏　编著

北京邮电大学出版社
www.buptpress.com

内 容 简 介

信息隐藏与数字水印是网络空间安全研究的重要内容之一。本书主要介绍了音频信息隐藏与数字水印、图像信息隐藏与数字水印、隐写分析、水印攻击与分析、信息隐藏与数字水印实验。

本书可用作高等院校网络空间安全、信息安全和计算机等相关专业学生教材和参考书,同时可用作科技工作者科研参考资料。

图书在版编目(CIP)数据

信息隐藏与数字水印 / 杨榆,雷敏编著. --北京 : 北京邮电大学出版社,2017.9(2022.12 重印)
ISBN 978-7-5635-4943-6

Ⅰ. ①信… Ⅱ. ①杨…②雷… Ⅲ. ①信息系统—安全技术—高等学校—教材②电子计算机—密码术—高等学校—教材 Ⅳ. ①TP309

中国版本图书馆 CIP 数据核字(2016)第 241200 号

书　　　名	信息隐藏与数字水印
著作责任者	杨　榆　雷　敏　编著
责 任 编 辑	刘　颖
出 版 发 行	北京邮电大学出版社
社　　　址	北京市海淀区西土城路 10 号(邮编:100876)
发 行 部	电话:010-62282185　传真:010-62283578
E-mail	publish@bupt.edu.cn
经　　　销	各地新华书店
印　　　刷	保定市中画美凯印刷有限公司
开　　　本	787 mm×1 092 mm　1/16
印　　　张	12.5
字　　　数	302 千字
版　　　次	2017 年 9 月第 1 版　2022 年 12 月第 5 次印刷

ISBN 978-7-5635-4943-6　　　　　　　　　　　　　　　　定价:28.00 元

Prologue

作为最新的国家一级学科，由于其罕见的特殊性，网络空间安全真可谓是典型的"在游泳中学游泳"。一方面，蜂拥而至的现实人才需求和紧迫的技术挑战，促使我们必须以超常规手段，来启动并建设好该一级学科；另一方面，由于缺乏国内外可资借鉴的经验，也没有足够的时间纠结于众多细节，所以，作为当初"教育部网络空间安全一级学科研究论证工作组"的八位专家之一，我有义务借此机会，向大家介绍一下 2014 年规划该学科的相关情况；并结合现状，坦诚一些不足，以及改进和完善计划，以使大家有一个宏观了解。

我们所指的网络空间，也就是媒体常说的赛博空间，意指通过全球互联网和计算系统进行通信、控制和信息共享的动态虚拟空间。它已成为继陆、海、空、太空之后的第五空间。网络空间里不仅包括通过网络互联而成的各种计算系统（各种智能终端）、连接端系统的网络、连接网络的互联网和受控系统，也包括其中的硬件、软件乃至产生、处理、传输、存储的各种数据或信息。与其他四个空间不同，网络空间没有明确的、固定的边界，也没有集中的控制权威。

网络空间安全，研究网络空间中的安全威胁和防护问题，即在有敌手对抗的环境下，研究信息在产生、传输、存储、处理的各个环节中所面临的威胁和防御措施，以及网络和系统本身的威胁和防护机制。网络空间安全不仅包括传统信息安全所涉及的信息保密性、完整性和可用性，同时还包括构成网络空间基础设施的安全和可信。

网络空间安全一级学科，下设五个研究方向：网络空间安全基础、密码学及应用、系统安全、网络安全、应用安全。

方向 1，网络空间安全基础，为其他方向的研究提供理论、架构和方法学指导；它主要研究网络空间安全数学理论、网络空间安全体系结构、网络空间安全数据分析、网络空间博弈理论、网络空间安全治理与策略、网络空间安全标准与评测等内容。

方向 2，密码学及应用，为后三个方向（系统安全、网络安全和应用安全）提供密码机制；它主要研究对称密码设计与分析、公钥密码设计与分析、安全协议设计与分析、侧信道分析与防护、量子密码与新型密码等内容。

方向 3，系统安全，保证网络空间中单元计算系统的安全；它主要研究芯片安全、系统软件安全、可信计算、虚拟化计算平台安全、恶意代码分析与防护、系统硬件和物理环境安全等内容。

方向 4，网络安全，保证连接计算机的中间网络自身的安全以及在网络上所传输的信息的安全；它主要研究通信基础设施及物理环境安全、互联网基础设施安全、网络安全管理、网络安全防护与主动防御（攻防与对抗）、端到端的安全通信等内容。

方向 5，应用安全，保证网络空间中大型应用系统的安全，也是安全机制在互联网应用或服务领域中的综合应用；它主要研究关键应用系统安全、社会网络安全（包括内容安全）、隐私保护、工控系统与物联网安全、先进计算安全等内容。

从基础知识体系角度看，网络空间安全一级学科主要由五个模块组成：网络空间安全基础、密码学基础、系统安全技术、网络安全技术和应用安全技术。

模块 1，网络空间安全基础知识模块，包括：数论、信息论、计算复杂性、操作系统、数据库、计算机组成、计算机网络、程序设计语言、网络空间安全导论、网络空间安全法律法规、网络空间安全管理基础。

模块 2，密码学基础理论知识模块，包括：对称密码、公钥密码、量子密码、密码分析技术、安全协议。

模块 3，系统安全理论与技术知识模块，包括：芯片安全、物理安全、可靠性技术、访问控制技术、操作系统安全、数据库安全、代码安全与软件漏洞挖掘、恶意代码分析与防御。

模块 4，网络安全理论与技术知识模块，包括：通信网络安全、无线通信安全、IPv6 安全、防火墙技术、入侵检测与防御、VPN、网络安全协议、网络漏洞检测与防护、网络攻击与防护。

模块 5，应用安全理论与技术知识模块，包括：Web 安全、数据存储与恢复、垃圾信息识别与过滤、舆情分析及预警、计算机数字取证、信息隐藏、电子政务安全、电子商务安全、云计算安全、物联网安全、大数据安全、隐私保护技术、数字版权保护技术。

其实，从纯学术角度看，网络空间安全一级学科的支撑专业，至少应该平等地包含信息安全专业、信息对抗专业、保密管理专业、网络空间安全专业、网络安全与执法专业等本科专业。但是，由于管理渠道等诸多原因，我们当初只重点考虑了信息安全专业，所以，就留下了一些遗憾，甚至空白，比如，信息安全心理学、安全控制论、安全系统论等。不过幸好,学界现在已经开始着手,填补这些空白。

北京邮电大学在网络空间安全相关学科和专业等方面,在全国高校中一直处于领先水平;从20世纪80年代初至今,已有30余年的全方位积累,而且,一直就特别重视教学规范、课程建设、教材出版、实验培训等基本功。本套系列教材,主要是由北京邮电大学的骨干教师们,结合自身特长和教学科研方面的成果,撰写而成。本系列教材暂由《信息安全数学基础》《网络安全》《汇编语言与逆向工程》《软件安全》《网络空间安全导论》《可信计算理论与技术》《网络空间安全治理》《大数据服务与安全隐私技术》《数字内容安全》《量子计算与后量子密码》《移动终端安全》《漏洞分析技术实验教程》《网络安全实验》《网络空间安全基础》《信息安全管理(第3版)》《网络安全法学》《信息隐藏与数字水印》等20余本本科生教材组成。这些教材主要涵盖信息安全专业和网络空间安全专业,今后,一旦时机成熟,我们将组织国内外更多的专家,针对信息对抗专业、保密管理专业、网络安全与执法专业等,出版更多、更好的教材,为网络空间安全一级学科,提供更有力的支撑。

杨义先

教授、长江学者、杰青

北京邮电大学信息安全中心主任

灾备技术国家工程实验室主任

公共大数据国家重点实验室主任

2017年4月,于花溪

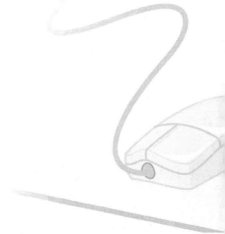

Foreword

没有网络安全,就没有国家安全;没有网络安全人才,就没有网络安全。

为了更多、更快、更好地培养网络安全人才,国务院学位委员会正式批准增设"网络空间安全"一级学科。并且首批授予了北京邮电大学等 29 所大学"网络空间安全一级学科博士点"。如今,许多大学都在努力培养网络安全人才,都在下大功夫、下大本钱,聘请优秀老师,招收优秀学生,建设一流的网络空间安全学院。

优秀教材是培养网络空间安全专业人才的关键。但是,这却是一项十分艰巨的任务。原因有二:其一,网络空间安全的涉及面非常广,至少包括密码学、数学、计算机、操作系统、通信工程、信息工程、数据库等多门学科,因此,其知识体系庞杂、难以梳理;其二,网络空间安全的实践性很强,技术发展更新非常快,对环境和师资要求也很高。

信息隐藏与数字水印是网络空间安全研究的重要内容之一,近几年得到很大的发展,各种新技术和新方法层出不穷。目前国内信息隐藏与数字水印教材较少,同时缺乏理论与实践相结合的教材。本书作者在北京邮电大学教授本科生和研究生的"信息隐藏与数字水印"课程,深知一本优秀的教材对于课程授课教授和学生的重要性。

本教材结合作者多年的教学和科研成果,同时重点参考北京邮电大学钮心忻教授主编的"普通高等教育'十五'国家级规划教材"《信息隐藏与数字水印》和作者本人获得 2015 年中国通信学会年科学技术三等奖的《信息隐藏与数字水印实验教程》两本教材。

本教材除理论知识外,还提供丰富的实验,所有的实验提供源代码,本教材已经形成一套独具特色的立体化教学资源,所有的实验将通过最新的 MOOE(Massive Open Online Experiments)形式提供;本教材兼顾实用性与专业性,本教材中所介绍的既有基础经典算法,也有最新的科研成果,读者可在此基础上举一反三,掌握信息隐藏与数字水印的各种工具和算法;本教材也是国内目前唯一一本能提供复习题及参考答案的信息隐藏与数字水印教材。

本书共分为 10 章,本书的第 1~5 章由杨榆编写,第 6~10 章由雷敏编写。

在本书的编写过程中,参考并实现了信息隐藏与数字水印领域大量经典算法和参考书籍,在此对这些算法的提出者和图书作者表示感谢。在教材编写过程中,廊坊师范学院的访问学者李维仙副教授为本图书的整理做了大量工作;教材编写组成员周椿入、杨明珠、梅晨曦、王勉、邓诗琪、艾心、钱劼等硕士研究生收集图书所需大量素材,绘制大量图片,并编程实现教材中所有实验;教材编写组成员罗群教授、邹仕洪副教授也多次审阅书稿,为书稿提出宝贵修改建议;教材编写组成员还就教材实验内容的难易程度、教材实验内容的覆盖面、教材授课配套课件内容等教材立体化建设内容到绵阳、南京、杭州和其他开设地区不同层次开设信息安全专业的高校调研,听取其他高校授课教师关于教材的建议,并与其他高校授课教师进行深入交。在此对他们一一表示感谢!

本书已更新授课课件及实验代码,请通过邮箱 leimin@bupt. edu. cn 联系作者,也欢迎在使用的过程中提出宝贵的建议。

由于作者水平有限,书中难免出现各种疏漏和不当之处,欢迎大家批评指正。

编者

目录

Contents

第 1 章

概　　论

1.1　什么是信息隐藏

随着计算机技术和网络技术的发展,越来越多的数字化多媒体内容信息(图像、视频、音频等)纷纷以各种形式在网络上快速交流和传播。在开放的网络环境下,如何对数字化多媒体内容进行有效地管理和保护,成为信息安全领域的研究热点。对于上述问题,人们最初的想法是求助于传统的密码学。但是传统的加密手段在对数字内容管理和保护上存在着一定的缺陷。为此,人们开始寻找新的解决办法来作为对传统密码系统的补充。多媒体数字内容在网络上的传递、发布和扩散带来了一系列问题和应用需求,从总体上来说可以分为两大部分:多媒体数字内容的版权保护问题和伪装式保密通信,这两个研究问题都属于信息隐藏研究的范畴。

在很多参考文献中,对信息隐藏、数字水印、隐写术和隐写分析的描述经常混淆,为了更好地对本书的内容进行介绍,本书采用以下约定:

(1) 信息隐藏(Information Hiding)。信息隐藏通过对载体进行难以被感知的改动,从而嵌入信息。

(2) 隐写术(Steganography)。隐写术是通过对载体进行难以被感知的改动,从而嵌入秘密信息的技术。Steganography 一词来自于希腊词根:steganos 和 graphie。steganos 指有遮盖物的;graphie 指写。因此,Steganography 的字面意思即为隐写。

(3) 数字水印(Digital Watermarking)。数字水印是通过对载体进行难以被感知的改动,从而嵌入与载体有关的信息,嵌入的信息不一定是秘密的,也有可能是可见。

(4) 隐写分析(Steganalysis)。隐写分析是检测、提取、破坏隐写对象中秘密信息的技术。

信息隐藏的载体可以是图像、音频、视频、网络协议、文本和各类数据等。在不同的载体中,信息隐藏的方法有所不同,需要根据载体的特征选择合适的信息隐藏算法。例如,图像、视频、音频中的信息隐藏,大部分是利用了人类感观对于这些载体信号的冗余来隐藏信息。而文本、网络协议和各类数据等就无法利用冗余度来隐藏信息,因此在这些没有冗余度或者冗余度很小的载体中隐藏信息,就需要采用其他方法。

隐写术与数字水印是信息隐藏的两个重要研究分支,采用的原理都是将一定量的信息嵌入到载体数据中,但由于应用环境和应用场合的不同,对具体的性能要求不同。隐写术主要用在相互信任的点对点之间进行通信,隐写主要是保护嵌入到载体中的秘密信息。隐写术注重的是信息的不可觉察性和不可检测性,同时要求具有相当的隐藏容量以提高通信的效率,隐写术一般不考虑鲁棒性。而数字水印要保护的对象是隐藏信息的载体,数字水印要求的主要性能指标是鲁棒性(脆弱水印除外),对容量要求不高,数字水印有一些是可见的,有一些是不可见的。

信息隐藏不同于传统的数据加密,数据加密隐藏信息的内容,让第三方看不懂;信息隐藏不但隐藏了信息的内容,而且隐藏了信息的存在性,让第三方看不见。传统的密码技术与信息隐藏技术并不矛盾,也不互相竞争,而是有益的相互补充。它们可用在不同场合,而且这两种技术对算法要求不同,在实际应用中还可以相互配合。

1.2　信息隐藏的历史回顾

类似于古典密码术,伪装式信息安全也是自古就有了。本节将讨论古典隐写术以及现代隐写术的发展。

本节将介绍一些参考文献上记载的重要的历史事件,以此来了解历史上人们是如何利用隐写术的。古代的隐写术从应用上可以分为这样几个方面:技术性的隐写术、语言学中的隐写术以及应用于版权保护的隐写术。

1.2.1　技术性的隐写术

最早的隐写术的例子可以追溯到远古时代。

- 用头发掩盖信息。在大约公元前 440 年,为了鼓动奴隶们起来反抗,Histiaus 给他最信任的奴隶剃头,并将消息刺在头上,等到头发长出来后,消息被遮盖,这样消息可以在各个部落中传递。
- 使用书记板隐藏信息。在波斯朝廷的一个希腊人 Demeratus,他要警告斯巴达将有一场由波斯国王薛西斯一世发动的入侵,他首先去掉书记板上的腊,然后将消息写在木板上,再用腊覆盖,这样处理后的书记板看起来是一个完全空白的。
- 将信函隐藏在信使的鞋底、衣服的皱褶中,妇女的头饰和首饰中等。
- 在一篇信函中,通过改变其中某些字母笔画的高度,或者在某些字母上面或下面挖出非常小的孔,以标识某些特殊的字母,这些特殊的字母组成秘密信息。
- Wilkins(1614—1672)对上述方法进行了改进,采用无形的墨水在特定字母上制作非常小的斑点。这种方法在两次世界大战中又被德国间谍重新使用起来。
- 在 1857 年,Brewster 提出将秘密消息隐藏"在大小不超过一个句号或小墨水点的空间里"的设想。到 1860 年,制作微小图像的难题被一个叫 Dragon 的法国摄影师解决了,很多消息就可以放在微缩胶片中。在 1870—1871 年弗朗格-普鲁士战争期间,巴黎被围困时,印制在微缩胶片中的消息通过信鸽进行传递。
- Brewster 的设想在第一次世界大战期间终于付诸实现,其做法是:先将间谍之间要传送的消息经过若干照相缩影后缩小到微粒状,然后粘贴在无关紧要的杂志等文字材料中的句号或逗号上。
- 使用化学方法的隐写术。例如,中国的魔术中采用的一些隐写方法,用笔蘸淀粉水在白纸上写字,然后喷上碘水,则淀粉和碘起化学反应后显出棕色字体。化学的进步促使人们开发更加先进的墨水和显影剂。最终,人们发明了"万用显影剂",结果不可见墨水的隐写方法就此被瓦解了。"万用显影剂"的原理是,根据纸张纤维的变化情况,来确定纸张的哪些部位被水打湿过,这样,所有采用墨水的隐写方法,在"万用显影剂"下都无效了。

- 在艺术作品中的隐写术。在一些变形夸张的绘画作品中,从正面看是一种景象,从侧面看是另一种景象,这其中就可以隐含作者的一些政治主张或异教思想。

1.2.2 语言学中的隐写术

语言学中的隐写术,最广泛使用的是藏头诗。

国外最著名的例子可能要算 Giovanni Boccaccio(1313—1375)的诗作 *Amorosa visione*,据说是"世界上最宏伟的藏头诗"作品。他先创作了三首十四行诗,总共包含大约 1 500 个字母,然后创作另一首诗,使连续三行押韵诗句的第一个字母恰好对应十四行诗的各字母。

16 世纪和 17 世纪已经出现了大量的关于伪装术的参考文献,并且其中许多方法依赖于一些信息编码手段。Gaspar Schott(1608—1666)在他的 400 页的著作 *Schola Steganographica* 中,扩展了 Trithemius 在 Polygraphia 一书中提出的"福哉马利亚(Ave Maria)"编码方法,其中 *Polygraphia* 和 *Steganographia* 是密码学和隐藏学领域最早出现的专著中的两本。扩展的编码使用 40 个表,其中每个表包含 24 个用四种语言(拉丁语、德语、意大利语和法语)表示的条目,每个条目对应于字母表中的一个字母。每个字母用出现在对应表的条目中的词或短语替代,得到的密文看起来像一段祷告、一封简单的信函、一段有魔力的咒语。

Gaspar Schott 还提出了可以在音乐乐谱中隐藏消息。用每一个音符对应一个字母,可以得到一个乐谱。当然,这种乐谱演奏出来就可能被怀疑。

中国古代也有很多藏头诗(也称嵌字诗),并且这种诗词格式也流传到现在。例如,绍兴才子徐文长中秋节在杭州西湖赏月时,做了一首七言绝句:

平湖一色万顷秋,

湖光渺渺水长流。

秋月圆圆世间少,

月好四时最宜秋。

其中前面四个字连起来读,正是"平湖秋月"。

中国古代设计的信息隐藏方法中,发送者和接收者各持一张完全相同的、带有许多小孔的纸,这些孔的位置是被随机选定的。发送者将这张带有孔的纸覆盖在一张纸上,将秘密信息写在小孔的位置上,然后移去上面的纸,根据下面的纸上留下的字和空余位置,编写一段普通的文章。接收者只要把带孔的纸覆盖在这段普通文字上,就可以读出留在小孔中的秘密信息。在 16 世纪早期,意大利数学家 Cardan(1501—1576)也发明了这种方法,这种方法现在被称作卡登格子法。

下面介绍用于版权保护的隐写术。

版权保护和侵权的斗争从古至今一直在持续着。根据 Samuelson 的记载,第一部版权法是圣安妮的法令,由英国国会于 1710 年制定。隐写术又是如何被用于版权保护的呢?

Lorrain(1600—1682)是 17 世纪一位很有名的风景画家,当时很多人对他的画进行模仿和冒充,而当时没有相关的版权保护法,于是他采用了如下方法来保护他的画的版权。他自己创作了一本称为 *Liber Veritatis* 的书,这是一本写生形式的素描集,它的页面是交替出现的,四页蓝色后紧接着四页白色,不断重复着,它大约包含 195 幅素描。他创作这本书的目的是为了保护自己的画免遭伪造。事实上,只要在素描和油画作品之间进行一些比较就会发现,前者是专门设计用来作为后者的"核对校验图",并且任何一个细心的观察者根据这本书仔细对照后就能判定一幅给定的油画是不是赝品。

类似的技术在目前仍然使用着。例如,图像保护系统 ImageLock:系统中对每一个图像保存一个图像摘要,构成一个图像摘要中心数据库,并且定期到网络上搜寻具有相同摘要的图像。它可以找到任何未被授权使用的图像,或者对任何仿造的图像,可以通过对比图像摘要的办法来指证盗版。

1.3　分类和发展现状

从古典隐写术发展到现代隐藏技术,都是随着社会的需要和相关技术的发展而产生的。目前在现代隐藏技术方面,又产生了更多的应用分支。本节主要介绍信息隐藏技术的主要应用分支,其中部分内容是本书的重点。

1.3.1　伪装式保密通信

伪装式保密通信,是古典隐写术与现代技术的直接结合。当前计算机技术和互联网技术的发展,网络传输的带宽越来越大,使得越来越多的多媒体信息可以通过网络传输。而另一方面,也有越来越多的机密信息需要保密,如政府上网后的一些重要信息,电子商务应用后的金融信息,个人隐私信息等。当然,这些信息的安全传输可以依靠传统的密码技术,但是如果能够在密码技术之外再加一层保护,可以更好地提高其安全性。而这层保护好像生物学中的保护色,把密码传输的事实掩盖起来,可以躲避攻击者的注意。而这些信息可以利用多媒体信息作为隐藏载体,因为多媒体信息的接收者大部分是人类的感觉系统,如听觉、视觉系统等,而人的感觉系统对图像、视频、声音等的感知的精确度远远低于计算机的精确度。利用这一特点,发展出了伪装式保密通信这一研究领域。

目前这一研究领域主要研究图像、视频、声音以及文本中的隐藏信息。例如,可以在一幅普通图像中隐藏一幅机密图像、一段机密话音或各类需要保密的数据,在一段普通谈话中隐藏一段机密谈话或各种数据,在一段视频流中隐藏各种信息等。文本中的冗余空间比较小,但利用文本的一些特点也可以隐藏一些信息。

另外,还有一类隐藏技术——叠像术。

在 1994 年的欧密会上,Naor 和 Shamir 提出了一门新的学科——可视密码学。其主要思想是把要隐藏的秘密信息通过算法隐藏到两个或多个子图片中。这些图片可以存在磁盘上,或印刷到透明胶片上。在每一张图片上都有随机分布的黑点和白点。由于黑、白点的随机分布,持有单张图片的人不论用什么方法,都无法分析出任何有用的信息;若把所有的图片叠加在一起,则能恢复出原有的秘密。可视密码学最主要的特点是恢复秘密图像时不需要任何复杂的计算,直接以人的视觉系统就可以将秘密图像辨识出来,完全不像传统密码学那样,在恢复秘密信息时需要进行大量复杂的解密计算才可以得到重要的秘密信息。

例如,图1-1中,p1、p2、p3是三幅设计好的黑白点随机分布的图片,将这三幅图片叠加在一起,就产生了p4图片,它显出了"Visual Crypto"的字样。而将p1与p2、p2与p3或者p1与p3叠加在一起,都仍然是随机分布的图片。

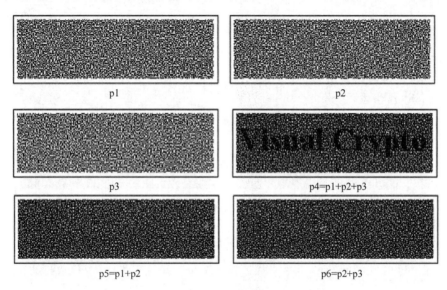

图1-1　可视密码学的例子

通过该技术产生的每一张图像已不再是随机噪声图像,而是正常人能看懂的图像:图像上有不同的文字或图画,与一般资料无异,不会引起别人的怀疑,只要将一定数量的图像叠加在一起,则原来每一张图像上的内容都将消失,而被隐藏的秘密内容出现。至于单个图像无论是失窃还是被泄露,都不会给信息的安全带来灾难性的破坏。由于每一张图像的"可读性",使其达到了更好的伪装效果,可以十分容易地逃过拦截者、攻击者的破解,而且,在一定的条件下,从理论上可以证明该技术是不可破译的,能够达到最优安全性。改进后的叠像术如图1-2所示。

在图像、视频、声音中的信息隐藏和叠像术,都是利用了人类的视觉和听觉的特性来实现的。而在文本中的信息隐藏则不容易实现,由于文本的编码中没有任何冗余,改变任何比特都会引起文本的错误,因此文本载体中的信息隐藏需要考虑其特殊性。少量的参考文献讨论了文本中的信息隐藏方法。

1.3.2　数字水印

信息隐藏除了在伪装式保密通信中的应用之外,在20世纪90年代初期,随着网络技术的发展,越来越多的信息以数字化的形式存在和传播,因此,产生了信息隐藏的一个重要的分支——数字水印。

1. 知识产权的定义和内容

知识产权是从法律上确认和保护人们在科学、技术、文学、艺术等精神领域所创造的"产品"具有专有权或独占权,他人不得侵犯。知识产权主要包括版权、专利权和商标权。

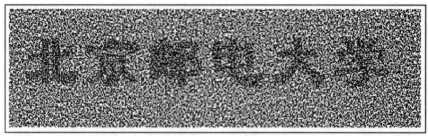

p1 "北京邮电大学"

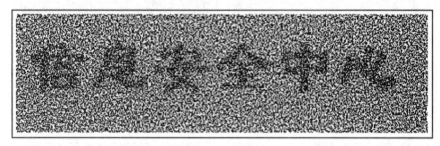

p2 "信息安全中心"

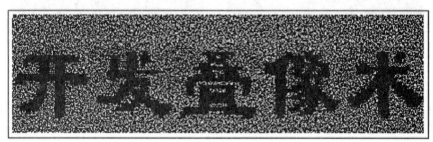

p3=p1+p2= "开发叠像术"

图 1-2 改进后的叠像术

2. 数字产品的版权保护

由于计算机技术和网络技术的迅速发展,很多人开始在计算机上直接创作出数字作品或用数字作品的方式保存自己的创作成果。这些作品无疑符合著作权法对作品的定义,应该受到版权保护。《世界知识产权组织版权公约》已规定了计算机软件作为文字作品予以保护,数据库作为文字汇编作品予以保护。以数字方式记录的媒体具有许多新的特性。如果用户可以制造出无限完美的视频、音乐和多媒体作品的复件,就会威胁到版权所有者的权益。因此,数字作品不仅需要法律上的保护,而且需要技术上的保护。

数字作品极易无失真地复制和传播,容易修改,容易发表。这些特点对数字作品的版权保护提出了技术上和法律上的难题,包括:

(1)如何鉴别一个数字作品的作者。传统产品一般采取签名的方式,而对于数字作品来说,可以采用密码学中的数字签名的方法。

(2)如何确定数字作品作者的版权声明。数字作品作者有时会对自己的作品声明保留权利或附加一些版权信息,对这些要求如何确认也是一个问题。需要注意的是,这个问题不能简单地等同于数字作品作者的鉴别,因为版权声明往往携带大量的信息,很多情况下不能用与签名一致的方法对作品嵌入这些信息。

（3）如何公证一个数字作品的签名与版权声明。一个数字作品上可以加许多个签名，而版权声明发布后，作者或他人也可能否认。对签名真伪的鉴别以及对版权声明的确认不能仅仅由作者来执行，必须通过第三方进行验证。

（4）在采用登记制的情况下，怎样确认登记的有效性。对作品履行登记手续不仅仅是一些要求登记国家版权产生的条件，也是发生版权争议时许多国家作为确定版权实际归属的手段。数字作品目前虽无此规定，但对于一些信息量较小的数字作品，如果不采用登记制度，将难以达到保护版权的要求。

那么，能不能从技术角度解决数字作品的版权问题呢？数字水印就是在此应用的基础上从信息隐藏技术演化而来的。目前存在两种基本的数字版权标记手段：数字水印和数字指纹。数字水印是嵌入在数字作品中的一个版权信息，它可以给出作品的作者、所有者、发行者以及授权使用者等版权信息，数字指纹可以作为数字作品的序列码，用于跟踪盗版者。数字水印和数字指纹就是利用了信息隐藏的技术，利用数字产品存在的冗余度，将信息隐藏在数字多媒体产品中，以达到保护版权、跟踪盗版者的目的。数字指纹可以认为是一类特殊的数字水印，因此，一般涉及数字产品版权保护方面的信息隐藏技术统称为数字水印。

数字水印在数字产品版权保护方面的应用可以分为以下几个方面：

- 用于版权保护的数字水印。将版权所有者的信息作为数字水印，嵌入在要保护的数字多媒体作品中，从而防止其他团体对该作品宣称拥有版权。用于版权保护的数字水印，应该具有不可察觉性、稳健性、唯一性等要求，还要能够抵抗一些正常的数据处理和恶意的攻击。

- 用于盗版跟踪的数字指纹。数字指纹可以说是数字水印的一种特殊应用情况，它们的区别在于，数字水印代表的是产品的作者信息，而数字指纹主要含有的是产品购买者的信息。同一个产品被多个用户买去，在每一个用户买到的复件中，都预先被嵌入了包含购买者信息的数字指纹，该数字指纹对于跟踪和监控产品在市场上的非法复制是非常有用的。当市场上发现盗版时，可以根据其中的数字指纹，识别出哪个用户应该对盗版负责。数字指纹除了应具有数字水印所普遍具有的特性之外，还应该能够抵抗共谋攻击。

- 用于复制保护的数字水印。这也是数字水印的一个特殊应用。既然数字水印的目的是保护版权，防止盗版，我们希望它最终能够达到这样一个目的：对于嵌入了数字水印的产品，经正常授权的用户可以无障碍地使用，而对于非授权的用户（或非法复制、盗版的产品），该产品则无法正常使用。在某些应用中，复制保护是可以实现的。例如，DVD 系统，在 DVD 数据中嵌入复制信息，如"禁止复制"或允许"一次复制"，而 DVD 播放器中有相应的功能，对于带有"禁止复制"标志的 DVD 数据则无法播放。

1.4 信息隐藏算法性能指标

对信息隐藏某一种算法进行讨论时，经常会考虑到这个算法的三个最重要性能指标，信息隐藏的性能指标为几何三角关系,如图 1-3 所示。

1.透明性

信息隐藏的首要特性是透明性,也称为不可感知性。透明性是指嵌入的秘密信息导致隐写载体信号质量变化的程度。即在被保护信息中嵌入数字水印后应不引起原宿主媒体质量的显著下降和视听觉效果的明显变化,不能影响隐写载体的正常使用。也就是说隐写载体如果仅仅是通过人类听觉或者视觉系统很难察觉有异常。

2.鲁棒性

鲁棒性也称稳健性,是指隐藏的秘密信息抵抗各种信号处理和攻击的能力,鲁棒性水印通常不会因常见的信号处理和攻击而丢失隐藏的水印信息。

3.隐藏容量

隐藏秘密信息的容量指在单位时间或一幅作品中能嵌入水印的比特数。对于一幅图片而言,数据容量是指嵌入在此幅图像中的所有比特数。对于音频而言,数据容量即指一秒传输过程中所嵌入秘密信息的比特数。对于视频而言,数据容量既可指每一帧中嵌入的比特数,也可指每一秒内嵌入的比特数。

信息隐藏算法这三个性能指标之间相互制约,没有一种算法能让这三个性能指标达到最优。当某一种算法透明性较好时,说明原始载体与隐藏秘密信息的载体之间从人类视听觉效果上几乎无法区分,嵌入这些秘密信息的时候对原始载体的改动就不能太大,这种算法鲁棒性往往比较差。当某一种算法鲁棒性较好的时候,一般是修改了载体比较重要的位置,也就是说隐藏的信息与载体的某些重要特征结合在一起,这样才能抵抗各种信号处理和攻击,但是修改载体比较重要位置的隐藏算法就会改变载体的某些特征,隐藏秘密信息后载体的透明性就比较差。而且信息隐藏的容量和透明性也相互矛盾,当隐藏的信息容量比较大时,隐藏后隐写载体的透明性就比较差。

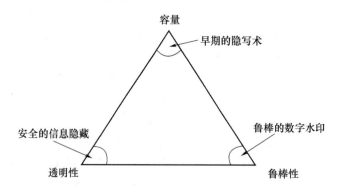

图 1-3　信息隐藏三种性能指标之间的关系

第 2 章

基 础 知 识

本书主要研究在多媒体载体信号中的信息隐藏技术,载体信号主要包括语音、图像、视频等。在研究信息隐藏之前,首先必须了解这些多媒体载体信号的特点、信号模型,以及对这些信号的常用处理方法等。本章主要介绍本书所需要的相关基础知识。

2.1 人类听觉特点

人类对于语音的研究包括两个方面:一个是从语音的产生和语音的感知方面来研究,另一个是从信号处理的角度来研究。语音的产生主要研究人类大脑中枢的言语活动如何转换成人的发声器官的运动,从而产生声波;语音的感知主要研究人耳对声波的搜集,并转换成神经元的活动,传递到大脑皮层的语言中枢。这方面的研究与语音学、语言学、认知学、心理学和神经生理学等密不可分。另一方面,是将语音作为一种信号来进行处理。在语音信号处理方面常用到的处理算法包括数字滤波器、快速傅里叶变换(FFT)、线性预测编码(LPC)、同态信号处理等,这些算法已成为语音信号处理最强有力的工具,并广泛用于语音信号的分析、压缩、合成等各个领域。本节主要介绍与信息隐藏和数字水印有关的语音信号的知识和常用研究工具。

2.1.1 语音产生的过程及其声学特性

语言是人类赖以沟通及交换信息的最基本工具。人类生成语言过程的第一步是决定要传达给对方的内容是什么,第二步是将内容转化成语言的形式。选择表现其内容的适当语句,并将其按语法规则排列,便能构成语言的形式。语音是由一连串的音组成,语音中各个音的排列由一些规则控制,对这些规则及其含义的研究属于语言学的范畴。另外,重音、语调、声调等也是构成语言学的一部分。

而声学语音学的研究范围包括,语音信号是由哪些最基本的单位组成的,发声器官是如何发出这些声音的,并且在此基础上建立语音产生模型,便于人类对语音信号的特性进行深入研究。这里主要从语音学的角度研究语音的特点。

人类发出声音所通过的器官主要包括肺、气管、喉(包括声带)、咽、鼻和口腔等。将它们按发音的功能可分为声道和声门,其中喉的部分称为声门,喉以上的部分称为声道。

产生语音的能量,来源于正常呼吸时肺部呼出的稳定气流,喉部的声带既是阀门,又是振动部件。说话时,声门处气流冲击声带产生振动,经过声道产生语音。喉部的声带的声学功能是为语音提供主要的激励源,由声带振动产生声音,是形成声音的基本声源。语音由声带振动或不经声带振动来产生,其中声带振动产生的音统称为浊音,而不由声带振动产生的音统称为清音。浊音中包括所有的元音和一些辅音。

气流从喉部出来经过口腔和鼻腔向外辐射,这一传输通道称为声道。声道是一个具有某种谐振特性的腔体,输出气流的频率特性既取决于声门脉冲串的特性,又取决于声道的特性。一般可以把声道作为一段无损声管,并且这一声管的横截面积是可变的(即口腔内部大小可变,口形可变),所以声道模型中,声管是一个变截面积的声管,而声道的频率特性主要取决于声道截面的最小值出现的位置,这一位置又主要由舌的位置来控制。

嘴的作用是完成声道的气流向外辐射。嘴的张开形状会影响语音频谱的形状,但是其作用与声道相比是次要的。

2.1.2　语音信号产生的数字模型

在研究了发声器官和语音的产生过程以后,就可以利用数字技术来模拟语音信号的产生。人体的发音器官能发出一系列声波,而对应的数字模型就能产生与此声波相对应的信号序列。这种模型是一种线性系统,选定一组参数,就可以使得系统输出所希望的语音信号。为了表示数字化的语音信号,这里采用的是离散时间模型。

人类发音时,激励源、声道和辐射模型都是随时间而改变的,但是语音信号随时间的改变是非常缓慢的。对大多数语音信号而言,通常认为在 $10\sim20$ ms 的时间范围内是近似不变的。因此可以确定,语音的数字模型是一个缓慢时变的线性系统,这个系统的参数在 $10\sim20$ ms 的时间内是近似不变的。

语音信号产生的数字模型,可以分为三个部分:激励源、声道模型和辐射模型(嘴唇)。语音通常分为浊音和清音,因此激励源分浊音和清音两个分支,按照浊音/清音开关所处的位置来决定产生的语音是浊音还是清音。在浊音的情况下,激励信号由一个周期脉冲发生器产生,其周期称为基音周期。为了使浊音的激励信号具有声门气流脉冲的实际波形,还需要使这一脉冲序列通过一个声门脉冲模型滤波器,其传输函数为 $G(Z)$,再经过一个幅度控制,调节输出浊音的能量,系统输出即为所要求的浊音激励,如图 2-1 所示。$G(Z)$ 的逆变换 $g(n)$ 可以近似表示为

$$g(n)=\begin{cases} \dfrac{1}{2}\left(1-\cos\dfrac{\pi n}{N_1}\right) & (0\leqslant n\leqslant N_1) \\ \cos\left(\dfrac{\pi(n-N_1)}{2N_2}\right) & (N_1\leqslant n\leqslant N_1+N_2) \\ 0 & (其他) \end{cases}$$

其中,N_1 和 N_2 根据实验结果选择。

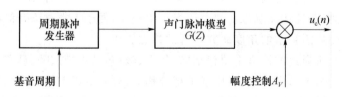

图 2-1　浊音激励的产生

在清音的情况下,激励信号由一个随机噪声发生器产生。可假定其均值为 0,自相关函数为单位冲击函数,幅度满足高斯分布。幅度控制的作用是调节清音语音信号的幅度或能量。激励信号的产生如图 2-2 所示。

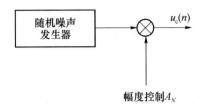

图 2-2　清音激励的产生

语音信号从激励源产生后,就通过声道。声道可以用一个全极点模型来模拟,其系统函数的极点对应为语音的共振峰。

$$V(z) = \frac{G}{1 - \sum_{m=1}^{N} \alpha_m z^{-m}}$$

对大多数语音来说,全极点模型可以很好地模拟声道的效果。声道的全极点模型如图 2-3 所示。然而,对于鼻音和摩擦音,全极点模型不能很好地符合语音的特点,因此需要零极点模型才能更好地模拟声道效应。在这种情况下,可以在系统函数中加入更多的极点来达到和零点相同的效果,即利用多个极点来逼近一个零点。

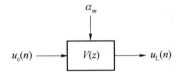

图 2-3　声道全极点模型

声音最后到达嘴唇,嘴唇辐射模型 $R(z)$ 与嘴型有关,其传输函数可以表示为

$$R(z) = R_0(1 - z^{-1})$$

嘴唇辐射模型如图 2-4 所示。

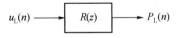

图 2-4　嘴唇辐射模型

将上述几个图结合起来就可以得到语音信号完整的数字模型,如图 2-5 所示。这样,整个系统的系统函数为 $H(z) = G(z)V(z)R(z)$,其中 $V(z)$ 的声道参数 α_m、G,基音周期、A_V、A_N 以及清浊音判别等都是随时间而缓慢变化的,在一个时间帧内(10～20 ms)近似不变。这个模型对于元音那样的持续语音,参数缓慢变化的情况下其效果是很好的。但是对于鼻音和摩擦音则效果不太好,因为其中使用的是全极点模型。但对于大多数语音来说,这样的数字模型已经可以得到较为满意的结果。

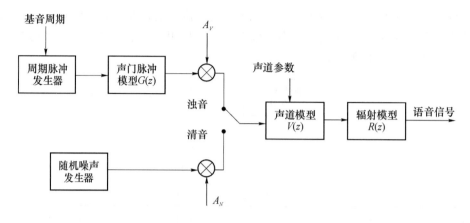

图 2-5　语音信号产生的数字模型

2.1.3　听觉系统和语音感知

研究语音信号数字处理,必须了解人类听觉系统的基本构成及原理。人类语音交流的过程总是由说和听两个方面组成,因此研究语音信号的产生、处理、分析、合成等,不能是孤立的研究,必须与语音的感知过程,即听和理解的过程有机联系起来,才能更好地解决问题。但是与语音产生机理的研究相比,听觉系统在语音信号处理中作用的研究,还是非常不充分的。

人类的听觉能力,既有高能力的一面,也有无能为力的一面。所谓高能力是指,即使众多人以各种声音、方言、语调同时讲话,甚至其中一些人讲话含糊不清,听者都能准确无误地听懂所要听的声音,这是人工智能无法模仿的;而无能力是指,人耳对频率相近的声音无法区别,对时间间隔太短的声音无法区别,对隐蔽在强音后面的弱音无法区别。

人类说话和收听的过程可以由图 2-6 的语言通道来说明。由说话者发音器官产生的声音波,经过空气传到对方的耳朵里,听者的听觉器官运动,作为神经脉冲经听觉神经传播到听者的脑子里。这样,说话方想表达的语言信息,被对方理解。声音波不仅传到对方的耳朵里,同时也传到说话人的耳朵里,说话人边听到自身回授的声音,边不断地对发音器官进行调节。这里,大脑接收信息,进行分析和理解,是属于语音学研究的内容,而大脑指挥发音器官发出声音,和耳朵接收声波产生神经脉冲,则属于生理学研究的范畴。而声波由说话者的发音器官发出,传到收听者的耳中,这是一个物理的过程。

下面从人类的听觉系统和语音感知的角度介绍一些主要因素。

• 人的听觉范围

正常人的听觉系统是极为灵敏的,正常人可听声音的频率范围为 $0.016\sim16\,\text{kHz}$,年轻人可听到 $20\,\text{kHz}$ 的声音,而老年人可听到的最高频率为 $10\,\text{kHz}$ 左右。

感觉域代表可容忍的最高声压。当声压高到一定程度时,耳朵会感觉不适,如感觉痒、压迫及痛。对正常人而言,一般取 $120\,\text{dB}$ 为不适阈,$140\,\text{dB}$ 为痛阈,且认为它与频率无关。

正常人对频率固定的声音所能辨别的最小强度差值称为强度差阈,一般用 dB 表示。它与测量方法有关,也与测量频率有关。

人对一个声音是轻还是响的判断,与声音的强度有关,也与声音的频率甚至波形有关。

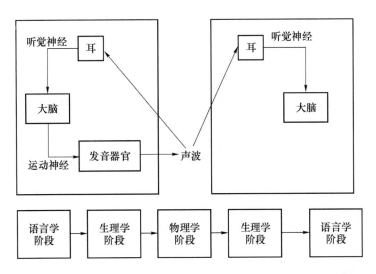

图 2-6　语言通道

- 音调

人类分辨声音高低时,用音调来描述。对于频率低的声音,听起来感觉它的音调"低",而频率高的声音,听起来感觉它的音调"高"。但是音调与声音的频率并不成严格的正比关系,它还与声音的强度及波形有关。

- 掩蔽效应

当人耳听到两个强度不同的声音时,强的声音的频率成分会影响人耳对弱的声音的频率成分的收听,这种现象称为掩蔽效应。通常,低音容易掩蔽高音,而高音掩蔽低音较难。

另一种掩蔽是噪声对单音的掩蔽。一个单音可以被以它为中心频率,具有一定频带宽度的连续噪声所掩蔽。如果在这一频带内噪声功率等于该纯音的功率,这时该纯音处于刚能被听到的临界状态,即称这一带宽为临界带宽。临界带宽可以通过实验来测得。

- 语音感知和理解

语音感知和理解是一个复杂的过程,它包含自下而上和自上而下的过程,前者在于收集语音信号中所含有的信息,但光靠这些信息还不足以进行语言理解,还要由收听者根据语法和句法知识对语音信息进行理解。

下面从言语清晰度的角度,说明对清晰度有影响的一些因素。

1. 语音强度对清晰度的影响

听觉实验表明,对单音节词的正确辨别率,与语音强度有关,并且取决于语音的性质,如在相同的语音强度下,辅音比元音分辨起来要困难一些,而辅音中又有一些较难分辨。实验表明,平均语音强度为 $25\sim27$ dB 时,测听材料约有一半可以听清楚。如果要使其中有 80% 可以正确分辨,语音强度一般要达到 60 dB 以上。

2. 对语音的掩蔽作用

对于纯音掩蔽而言,低频纯音对语音的掩蔽要大于高频纯音。当纯音强度较大时,300 Hz 左右的纯音产生最大的掩蔽作用;当纯音强度较小时,500 Hz 左右的纯音影响最大。

如果用白噪声来掩蔽语音信号,则对语音的觉察阈值以及清晰度阈值均随噪声强度的增大而提高;当噪声声压级大于 40 dB 时,阈值的变动与噪声强度成正比。这就是说可觉察的语音信号功率与平均噪声功率之比为常数,该值大约为 18 dB。而为了得到满意的通话效果,该值需要超过 6 dB。

3. 频率选择性

利用高通或低通滤波器有选择地滤除语音信号中的某些频率成分,会影响到它的清晰度。实验表明,虽然语音信号的大部分功率包含在低频分量之中,但是它们对清晰度的贡献并不是很大。如果用高通滤波器滤除 1 000 Hz 以下的部分,则语音信号的功率可能损失了约 80%,但清晰度仅下降了 10%。此外,截去高频成分对于辅音清晰度的影响要比对元音的影响严重一些;而去掉低频成分对于元音清晰度的影响则要比对辅音的影响大一些。

研究结果表明,对于低通滤波而言,去掉 5 kHz 以上的频率成分清晰度不受影响;滤掉 1.5 kHz 以上的成分清晰度约下降一半,而当滤掉 200 Hz 以上的成分时,清晰度降为零。对于高通滤波而言,保留 400 Hz 以上的频率成分清晰度基本不受影响;保留 2 300 Hz 以上的频率成分,清晰度下降一半左右,而若仅保留 6 kHz 以上的成分时,清晰度降为零。

4. 限幅的影响

考虑两种振幅削减的处理,一种称为峰值削波,另一种称为中心削波。峰值削波即通常所说的限幅,将幅度超过某一门限的值限制在门限上。中心削波指将幅度小于某一门限的值置为零。研究表明,在峰值无限削波的情况下(即几乎只保留语音信号的过零率信息),仍然相当好地保留了单词的清晰度。但中心削波则对语音清晰度影响甚大;削去声波幅度的一半(即 6 dB),清晰度几乎降为零,这时听起来只剩下类似噪声的东西了。因此可以推断,语音信号中的大部分信息都保存在其低幅值的部分。

从心理声学的测试可以看出,听觉系统对于声音强度、频率以及各不同声音之间关系的感觉表现出外围听觉系统处理的非线性,从而要用响度、音调以及临界带宽等加以描写。在感知复杂的语音信号时应当考虑到人耳的这种特性而加权。在对语音信号进行处理时,听觉系统究竟从中抓住了哪些有意义的属性现在还不完全清楚。但一般认为,语音信号中变化的部位,如轻重音节的交界处、词的头尾以及指示声道变化的共振峰轨迹等是值得注意的线索。在更高的层次上,则要涉及收听者的认知系统以及各种知识源的相互作用。因此,对于听觉系统还需要进行更广泛而深入的基础性研究。

2.1.4　语音信号的统计特性

对于一段语音信号,通过观察其波形,可以得到一些反映语音声学特性的信息。图 2-7(a)画出了音节"明月光(ming yue guang)"的波形图,其中可以看到这样几种波形。

(1) 静息波:它是音节之间的间隙,在波形上是一条细线,如图 2-7(b)所示。

(2) 准周期波:它是浊音的波形,如 ing、ang 等,它们具有比较明显的周期性,如图 2-7(c)所示。各个浊音的波形是不同的。

(3) 噪声波:摩擦音的波形,如图 2-7(d)所示。

(4) 脉冲波:塞音 g 的起始段波形,如图 2-7(d)所示。

元音的产生是通过声带的准周期振动,经声道调制,由口鼻辐射出来。不同的元音,其频谱特性是不同的。各个元音的差异,可以用元音的前三个共振峰频率 f_1、f_2、f_3 来表示。表 2-1 给出了汉语拼音七个韵母的前三个共振峰频率。F1 分布在 290 Hz～1 kHz 范围内,F2 分布在 500 Hz～2.5 kHz 范围内,F3 分布在 2.5～4 kHz 范围内。

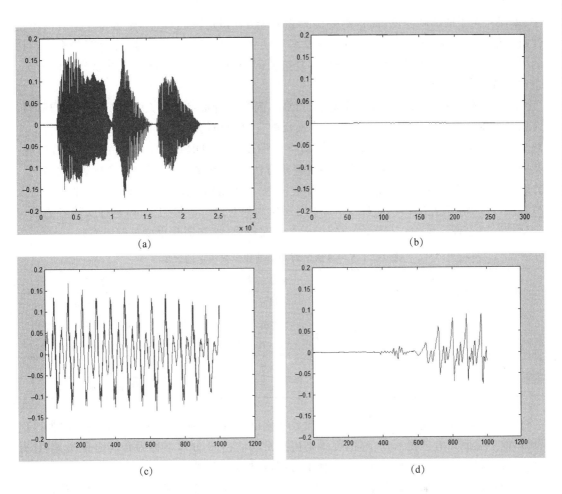

图 2-7　声音信号的波形图

表 2-1　汉语拼音七个韵母的共振峰频率　　　　　　　　Hz

共振峰	性别	韵母 i 衣	u 乌	ü 迂	a 啊	o 喔	e 鹅	er 儿
F1	男	290	380	290	1 000	580	540	540
	女	320	420	320	1 230	720	750	730
	童	390	560	400	1 190	850	880	750
F2	男	2 360	440	2 160	1 160	670	1 040	1 600
	女	2 800	650	2 580	1 350	930	1 220	1 730
	童	3 240	810	2 730	1 290	1 020	1 040	1 780
F3	男	3 570	3 560	3 460	3 120	3 310	3 170	3 270
	女	3 780	3 120	3 700	2 830	2 930	3 030	3 400
	童	4 260	4 340	4 250	3 650	3 580	4 100	4 030

2.1.5　语音的质量评价

语音的质量一般从两个方面来衡量:语音的清晰度和自然度。清晰度是衡量语音中的字、单词和句子的清晰程度,而自然度是衡量通过语音识别讲话人的难易程度。语音的质量评价不仅与语音学、语言学、信号处理等学科密切相关,而且还与心理学、生理学等有着密切的关系。因此,语音质量评价是一个极其复杂的问题,语音质量评价一般可以分为两大类:主观评价和客观评价。

主观评价是由人来对语音的质量进行评价,因为语音最终是由人来收听,因此主观评价应该是最符合实际的,是对语音质量的真实反映。目前使用较多的主观评价方法包括:平均意见分(Mean Opinion Score,MOS)、音韵字可懂度测量(DRT)和满意度测量(DAM)等。其中 MOS 评分法是一种使用最广的主观评价方法,它用 5 级评分标准来评价语音的质量,分别代表语音质量为极好、较好、一般、较差、极差五个等级,如表 2-2 所示。参加测试的人员,对所听的语音从五个等级中选择其中之一作为他对语音质量的评价,全体实验者的平均分就是所测语音质量的 MOS 分。(实验人数要足够多,所测语音也要足够丰富)。

表 2-2 五种等级的质量标准和受损程度的尺度

MOS 评分	质量标准	受损程度
5	极好	不可察觉
4	较好	可察觉,但不影响听觉效果
3	一般	轻微影响听觉效果
2	较差	影响听觉效果
1	极差	严重影响听觉效果

一般认为,MOS4.0~4.5 分为高质量数字化语音,称为网络质量;3.5 分左右称为通信质量,能感觉到语音质量有所下降,但不妨碍正常通话;3.0 分以下称为合成语音质量,具有足够高的可懂度,但自然度不够好,并且不易进行讲话人识别。

主观评价的优点是真实,它反映了人耳对语音质量的感觉。缺点是比较麻烦,对一些语音的失真要得到一个平均意见分,需要准备大量的语音样本,同时还要找大量的人来试听,并且对试听者还有一定的要求。因此主观评价费时费力,灵活性不够,重复性和稳定性较低,而且受试听者的主观影响较大。

客观评价不以人为主体,它是使用机器对语音质量进行评价。它在一个语音系统中对输入和输出语音信号进行分析和处理,在其中提取出一些特征参量作为研究对象,最后设计一个所谓的失真距离,这个失真距离值跟提取出来的特征参量有关并由这些参量完全决定,于是就可以以此失真距离值作为语音质量的客观评价值。这就是客观评价的一般原理。

为了解决主观评价所存在的问题,人们在寻找一种能够方便地给出语音质量的客观评价方法。研究语音质量的客观评价,是为了能够提供一种比主观评价更有效、更方便、更直接的评价手段,但是到目前为止,还没有哪一种客观评价方法可以达到与主观评价完全一致的效果,而且一般认为在有限的时间内,客观评价还无法达到主观评价的效果,正如计算机智能还无法代替人脑一样,主观评价包含了人对语音的全部感受,它既与工程技术学科有关,又与人的生理学、心理学、认知学等学科有关。因此客观评价的研究不能完全代替主观评价,在进行语音质量评价时,两者应该结合起来使用。

语音质量客观评价研究自 20 世纪 70 年代以来发展迅速,提出了许多客观评价方法。这些方法从评价结构上可分为基于输入-输出和基于输出两大类。基于输入-输出的评价方法是根据原始语音和经过处理后的语音信号之间的误差大小来判别语音质量的好坏,是一种误差度量。而基于输出的评价仅根据经处理后的语音信号来进行质量评价。目前研究最多的是前一大类,但是随着信息和通信技术的发展,这一类评价方法已经无法满足许多领域的实际需要,如在无线移动通信、航天航海和军事领域,在得不到原始语音信号的情况下,需要给出对语音质量的评价。因此第二类的客观评价方法也已经开始受到国内外学者的重视。

基于输入-输出的评价方法从使用的技术(谱分析、线性预测分析、听觉模型分析、判断模型分析等)和特征参数(时域参数、频域参数、变换域参数等)上可以分为六类。

1. 基于 SNR 的评价方法

信噪比方法是一种用来计算信号失真程度的一种衡量方法,其计算简单,使用广泛。但是对于语音信号而言,高信噪比是高质量语音的必要条件,但不是充分条件。语音信号用信噪比来计算其失真程度,往往与主观评价相差甚远。因此提出了一些改进的信噪比方法,如分段信噪比、变频分段信噪比等,它们与主观评价的相关度有所提高,但只适用于高速率的波形编码。

2. 基于 LPC 技术评价方法

这类方法是以线性预测分析(LPC)技术为基础的,把 LPC 系数和其他一些参数作为评价的依据。另外还有对 LPC 方法的一些改进方法。

3. 基于谱距离的评价方法

这类方法主要是以语音信号平滑谱之间的比较为基础的。谱距离评价主要有:SD(Spectral Distance)方法、对数 SD 方法(Log SD)、FVLISD(Frequency Variant Linear SD)、FVLOSD(Frequency Variant Log SD)等。

4. 基于听觉模型评价方法

此类方法是以人对语音信号感知的心理听觉特性为基础。

5. 基于判断模型的评价方法

此类方法是在选择表达语音质量的特征参量基础上,更主要侧重于模拟人对语音质量的判断过程。

6. 其他评价方法

主要有一致函数法、信息指数法、专家模式识别法等。

虽然客观评价跟主观评价相比有方便快捷等优点,但现阶段的客观评价方法还没办法完全反映出人对语音质量的全部感受,所以研究客观评价方法的目的并不是要用它来完全代替主观评价方法,而是使其成为一种能很好地预测出主观评价值的评价手段。这里就存在一个如何用客观评价值来预测主观评价值的问题。

客观评价和主观评价间常用一种函数映射的关系来表示。它们之间可以是线性、非线性或者是多项式拟合关系。由于客观评价是对主观评价的一种预测,所以一种客观评价方法的性能好坏,可以用它与主观评价之间的相关性来衡量。通过在客观评价和主观评价之间建立的函数关系,可以用客观评价值求出对主观评价值的预测值,这个预测值和实测的主观评价值之间的相关度 ρ 就作为该客观评价方法与主观评价方法之间的相关度。相关度的计算公式如下:

$$\rho = \sqrt{\dfrac{\sum\limits_{i=1}^{N}(\hat{S}_i - \mu)^2}{\sum\limits_{i=1}^{N}(S_i - \mu)^2}}$$

其中，N 为被测的样本数，S_i 表示第 i 个样本的实测主观评价值，$\hat{S}_i$ 表示第 i 个样本的客观评价的主观预测值，μ 是实测主观评价值的算术平均值。

ρ 是一个 $0\sim1$ 之间的数，ρ 的值越高，说明该客观评价方法对主观评价的预测越准确，该方法的性能越好。

从客观评价方法的发展过程来看，听觉模型在其中占有十分重要的地位。只要在评价中考虑了人对语音信号的感知特性，就会大幅度提高整个评价方法的性能。

2.2 人类视觉特点与图像质量评价

2.2.1 人类视觉特点

图像作为一种传输视觉信息的媒介，是通过人眼接收信息的。因此图像的终端接收机是人的眼睛。各种图像的变换、压缩、噪声影响等，要衡量它们对图像的影响有多大，必须看它对于人眼的影响有多大，即必须与人的视觉联系起来加以研究。因此，有必要了解人类视觉系统的特点，并研究它的等效数学物理模型。但是，由于现代科学技术还不能准确地解释有关人类视觉系统的全部生理、物理过程，因此，关于人类视觉系统模型的研究，还只能建立在假设和验证的基础上。

人类的视觉系统是由眼睛和视觉神经系统构成的。人的眼睛，由角膜、虹膜（构成瞳孔）、晶状体、视网膜、眼球壁和视神经组成。晶状体前面是虹膜。虹膜形成瞳孔，起到照相机光圈的作用。它可以根据外界光线的强度来调整开放的大小，以使进入视网膜的光线产生的刺激不弱也不强。眼睛的底部是视网膜。光线通过瞳孔、晶状体在视网膜上被视细胞接收，视网膜的作用是将光信号变换、滤波和编码成神经系统的内部表达信号（电信号）以传送给视觉神经系统和中枢神经系统。视网膜及视觉通路对信息作了多层预处理，大脑有关部分则完成主要的信息处理任务。

下面给出几个有关的概念。

1. 视觉范围

视觉范围是指人眼所能感觉的亮度范围。这一范围非常宽，但是人眼并不能同时感受这样宽的亮度范围，当人眼适应了某一个平均的亮度环境后，它所能感受的亮度范围是有限的。并且，当平均亮度比较适中时，能分辨的亮度的范围较大；而当平均亮度较低时，能分辨的亮度范围较小。而即使是客观上相同的亮度，当平均亮度不同时，主观感觉的亮度也不相同。如同样的亮度，在白天和在黑夜，主观亮度感觉是不同的。

2. 分辨力

人眼的分辨力是指人眼在一定距离上能区分开相邻两点的能力。人眼的分辨力与环境照度有关，照度太低和太高都会影响分辨力。分辨力还与物体的运动速度有关，速度大，则分辨力下降。人眼对彩色的分辨力要比对黑白的分辨力低,如果把刚能分辨出来的黑白相间的条纹换成红绿条纹,则无法分辨出红绿条纹,只能看出一片黄色。

3. 视觉适应性

当我们从明亮的阳光下走进黑暗的电影院时,会感到一片漆黑,但是过一会后,视觉会逐渐恢复,人眼这种适应暗环境的能力称为暗适应性。而从电影院走到阳光下时,又会感到"眩目",也需要一个恢复过程才能适应,这种适应亮环境的能力称为亮适应性。通常亮适应性比暗适应性要快得多。

4. 视觉惰性

人眼对于亮度的突变需要一个适应的时间,人眼这种对亮度改变进行跟踪的滞后性质称为视觉惰性。因此当亮度突然消失时,人眼的亮度感觉并不马上消失,而是按指数规律逐渐消失。因此电影的拍摄和放映就是利用了人眼的视觉惰性,电影胶片是用一张张相隔一定时间拍摄的图片组成的,连续放映时,可以给人以连续运动的感觉。这种特性又称为人眼的记忆特性,或称为视觉暂留。

2.2.2 图像的质量评价

图像的最终接收者是人,所以图像质量的好坏,一方面取决于目标图像与原始图像之间的差异,误差越小,质量越好。另一方面取决于人的主观视觉特性,若目标图像中出现某些人眼不敏感或者"不在乎"的失真与损伤,那么对观察者而言,就意味着图像没有降质。在图像中隐藏信息,也是要考虑研究结合人眼的视觉特性进行信息的隐藏。

传统的图像质量评价方法可分为主观评价和客观评价两类。主观评价方法就是让观察者根据一些事先规定的评价尺度或自己的经验,对测试图像按视觉效果提出质量判断,并给出质量分数,对所有观察者给出的分数进行加权平均,所得的结果即为图像的主观质量评价。这种方法称为平均意见分(MOS)方法。一般采用的是五级评分法,见表2-3。

表 2-3 五级评分表

MOS 评分	质量标准	评价
5	很好	感觉不到有差别
4	较好	感觉到有差别但无影响
3	一般	感觉到差别但能容许
2	较差	干扰严重,不能容许
1	很差	由于干扰图像不清楚,不能接受

主观评价是比较准确的评价图像质量的方法,但是它往往受到观察者本身的知识背景、情绪和疲劳程度等因素的影响,因此,要得到一个准确的主观评价结果,需要做大量的观察实验,因此主观评价方法存在的问题是,可重复性较差,处理起来比较困难。所以在实际的应用中,通常采用一些方便快捷的客观评价方法。

客观评价是以机器为主体对图像质量进行评价,它是对一个系统中输入和输出的图像信号做处理和分析,一般是从图像中提取一些特征参量作为研究分析对象,处理并进行比较。一般是从总体上反映了图像间的差别。得出的数据,如均方误差(MSE)、峰值信噪比(PSNR)等,作为对图像的客观质量评价,这就是图像质量客观评价的简单原理。还有一些更复杂的客观评价方法也都是以此为基础发展出来的。

图像最终是供人看的,客观评价虽然在使用中方便快捷,但是这种物理意义上的误差统计方法并不能完全代替基于人眼的主观评价方法。随着多媒体通信的发展,图像客观质量评价方法的研究转向了结合人眼视觉特性的误差统计方法,将更符合人类主观视觉效果。

从图像质量评价的研究进展看,目前新的测量方法主要分为两类:基于视觉感知的测量方法和基于视觉兴趣的测量方法。

参考文献[15]从人眼视觉模型出发,建立了一个较为通用的图像质量评价模型,试图克服传统图像质量评价方法的缺点。文章中定义了一个感知均方误差(Perceptual MSE, PMSE),在传统的均方误差的基础上增加了一个感知函数加权,此视觉感知函数是定义在人眼视觉模型基础上的测度函数。

参考文献[16]提出了一种根据人类视觉特性(HVS),采用加权处理的方法,将 HVS 引入传统客观评价方法,建立了一种视觉加权均方误差(Weighted Mean Square Error, WMSE)的图像质量客观评价新方法。该方法是,将原始图像和目标图像进行二维离散傅里叶变换,依据 HVS 分别进行子带分割,并对得到的系列子带频谱进行二维傅里叶逆变换,建立原始图像和目标图像的子带图像系列,然后分别计算出各子带图像对应的 NMSE 值,并根据各子带视觉加权系数进行加权处理,得到的就是 WMSE。关键在于视觉加权系数的确定,它是事先通过一系列的实验建立的。

从视觉心理学角度看,视觉是一种积极的感受行为,不仅与生理因素有关,还在相当大的程度上取决于心理因素。人们在观察和理解图像时往往会不自觉地对其中某些区域产生兴趣,这些区域被称为"感兴趣区"(Region of Interest,ROI)。整幅图像的视觉质量往往取决于 ROI 的质量,而不感兴趣区的降质有时不易觉察。现实生活中人们由于文化背景、周围环境以及情绪的影响,对同一幅图像的评价会产生较大偏差,但是对于图像中关注的区域却具有共性,它们集中传递了整幅图像所要表达的大部分客观信息。一种基于视觉兴趣的图像质量评价方法是,通过对图像中不同区域的加权突出人眼对 ROI 的兴趣程度。基于视觉兴趣的测量方法为图像质量评价开辟了一条新路,但目前该类方法还只是处于初期研究阶段,仍有许多问题有待深入研究。例如,图像中感兴趣区如何确定;如果测试图像中包含多个感兴趣区,如何确定这些区域的兴趣权值等。

2.3　图像信号处理基础

2.3.1　图像的基本表示

一幅图像是由很多个像素(pixel)点组成的,像素是构成图像的基本元素。例如,一幅图像的大小是 640pixels×480pixels,则说明这个图像在水平方向上有 640 个像素,在垂直方向上有 480 个像素。

图像可分为灰度图像和彩色图像。人类视觉对亮度(灰度)的变化比对色度的变化更为敏感。灰度图像是视觉对物体的亮度的反映。数字图像一般用矩阵来表示,图像的空间坐标 x,y 被量化为 $M \times N$ 个像素点,每一个点上的灰度值组成图像矩阵。

彩色图像可以用红、绿、蓝三基色组成,任何颜色都可以用这三种颜色以不同的比例调和而成。彩色图像可以用类似于灰度图像的矩阵表示,只是在彩色图像中,由三个矩阵组成,每一个矩阵代表三基色之一。

为了进行图像处理,在图像中的信息隐藏和嵌入数字水印,首先要了解常用的图像存储格式。

1. BMP 文件格式

BMP(bitmap)图像文件格式是由 Microsoft 公司推出的位图文件格式。BMP 图像文件格式一般由三个部分组成:位图文件头、位图信息和位图阵列信息。位图文件头由 14 个字节组成;位图信息由位图信息头和色彩表组成,其中位图信息头由 40 个字节组成,而色彩表的大小取决于色彩数。位图信息头中就包含了图像的宽度、高度和位图大小等信息。位图阵列信息按行的顺序依次记录图像的每一个像素的图像数据。

2. PCX 文件格式

PCX 是由 Zsoft 开发的图像文件格式。PCX 文件结构大致分为三个部分:文件头占 128 个字节;中间是被编码的光栅图像数据;文件尾部是扩充调色板信息,占 769 字节。其中光栅图像数据是采用 PLL 编码方法进行压缩存储的。压缩的基本思想是用一个重复计数值来记录相邻重复的字节数。压缩仅对每一条扫描线进行。

3. GIF 文件格式

GIF 文件的压缩编码方法采用的是散列法(hash-method)。GIF 文件分为文件头和文件体两部分。文件头包括文件标志、图像水平分辨率、垂直分辨率、彩色表、图像宽度、图像高度、图像偏移量、编码的初始值等关于图像的参数。

4. TIF 文件格式

TIF(Tag Image File Format)是一种复杂的图像文件格式。它一般分为四个部分:文件头、参数指针表、参数数据表和图像数据。其中文件头长度为 8B,包含字节顺序、标记号和指向第一个参数指针表的偏移量。参数指针表占 12B,它包含了描述图像的压缩种类、长度、彩色数以及扫描密度等参数,在参数指针表中列出了参数的偏移指针。而实际参数数据放在参数数据表中,其中比较常见的是 16 色或者 256 色的调色板。最后一部分是图像数据,它们按照参数表中描述的形式按行排列。

2.3.2　常用图像处理方法

对图像的常用处理方法包括二维离散傅里叶变换、离散余弦变换和二维小波变换等。

1. 二维离散傅里叶变换

考虑以正方形网格采样得到的图像的二维傅里叶变换(DFT),定义为

$$F(u,v) = \frac{1}{MN}\sum_{x=0}^{M-1}\sum_{y=0}^{N-1}f(x,y)\mathrm{e}^{-\mathrm{j}2\pi(ux/M+vy/N)}, \quad u=0,1,\cdots,M-1, \quad v=0,1,\cdots,N-1$$

其逆变换定义为

$$f(x,y) = \sum_{u=0}^{M-1}\sum_{v=0}^{N-1}f(u,v)\mathrm{e}^{\mathrm{j}2\pi(ux/M+vy/N)}, \quad x=0,1,\cdots,M-1, \quad y=0,1,\cdots,N-1$$

其中,$f(x,y)$ 为图像空间域采样值,(x,y) 为空间坐标点,M,N 分别为图像长宽像素点个数。$F(u,v)$ 为图像傅氏变换域的采样值,(u,v) 为变换域坐标点。当图像阵列为方阵时,

$M=N$。称 $F(u,v)$ 为图像信号 $f(x,y)$ 的频谱,可计算出它的幅度谱和相位谱。

幅度谱:

$$|F(u,v)|=[R^2(u,v)+I^2(u,v)]^{1/2}$$

相位谱:

$$\varphi(u,v)=\arctan\frac{I(u,v)}{R(u,v)}$$

其中,$|F(u,v)|$,$\varphi(u,v)$,$R(u,v)$,$I(u,v)$ 与 $F(u,v)$ 的关系为

$$F(u,v)=R(u,v)+\mathrm{j}I(u,v)=|F(u,v)|\mathrm{e}^{\mathrm{j}\varphi(u,v)}$$

二维离散傅里叶变换的性质对图像的分析具有非常重要的作用,在此简单介绍一些比较重要的性质:

(1)(线性性) $a_1 f_1(x,y)+a_2 f_2(x,y)\leftrightarrow a_1 F_1(u,v)+a_2 F_2(u,v)$

(2)(比例性) $f(ax,by)\leftrightarrow\dfrac{1}{|ab|}F\left(\dfrac{u}{a},\dfrac{v}{b}\right)$

(3)(空间位移) $f(x-x_0,y-y_0)\leftrightarrow F(u,v)\mathrm{e}^{-\mathrm{j}2\pi(ux_0+vy_0)/N}$

(4)(频率位移) $f(x,y)\mathrm{e}^{\mathrm{j}2\pi(u_0 x+v_0 y)/N}\leftrightarrow F(u-u_0,v-v_0)$

(5)(旋转不变性)

首先把 x,y,u,v 都用极坐标形式表示:

$x=r\cos\theta$

$y=r\sin\theta$

$u=\omega\cos\varphi$

$v=\omega\sin\varphi$

则图像的空间域 $f(x,y)$ 和频率域 $F(u,v)$ 可以分别用极坐标表示为 $f(r,\theta)$ 和 $F(\omega,\varphi)$,可以证明:

$$f(r,\theta+\theta_0)\leftrightarrow F(\omega,\varphi+\theta_0)$$

(6)(平均值)

二维离散函数普遍采用的平均值的计算为

$$\overline{f}=\frac{1}{N^2}\sum_{x=0}^{N-1}\sum_{y=0}^{N-1}f(x,y)$$

将 $u=v=0$ 代入公式,得

$$F(0,0)=\frac{1}{N^2}\sum_{x=0}^{N-1}\sum_{y=0}^{N-1}f(x,y)$$

因此,傅里叶变换系数与图像的平均值之间的关系是 $F(0,0)=\overline{f}$。

2. 二维离散余弦变换

二维离散余弦变换(DCT)的正变换核为

$$g(x,y,0,0)=\frac{1}{N}$$

$$g(x,y,u,v)=\frac{2}{N}\cos\frac{(2x+1)u\pi}{2N}\cos\frac{(2y+1)v\pi}{2N}$$

其中,$x,y=0,1,\cdots,N-1$,$u,v=1,2,\cdots,N-1$。逆变换核 $h(x,y,u,v)$ 也是类似的形式。

二维离散余弦正变换和逆变换为

$$T(u,v) = \sum_{x=0}^{N-1} \sum_{y=0}^{N-1} f(x,y)g(x,y,u,v)$$

$$f(x,y) = \sum_{u=0}^{N-1} \sum_{v=0}^{N-1} T(u,v)h(x,y,u,v)$$

把变换核代入,可以得到:

$$C(0,0) = \frac{1}{N} \sum_{x=0}^{N-1} \sum_{y=0}^{N-1} f(x,y)$$

$$C(u,v) = \frac{2}{N} \sum_{x=0}^{N-1} \sum_{y=0}^{N-1} f(x,y) \cos \frac{(2x+1)\pi u}{2N} \cos \frac{(2y+1)\pi v}{2N}$$

其中,$u,v = 0,1,2,\cdots,N-1$。其逆变换为

$$f(x,y) = \frac{1}{N} C(0,0) + \frac{2}{N} \sum_{u=0}^{N-1} \sum_{v=0}^{N-1} C(u,v) \cos \frac{(2x+1)\pi u}{2N} \cos \frac{(2y+1)\pi v}{2N}$$

其中,$x,y = 0.1, \cdots, N-1$。

　　根据变换核的可分离性,二维的正向或反向变换能够逐次应用一维 DCT 的算法加以计算。

3. 二维离散小波变换

　　二维离散小波变换(DWT)可以从一维离散小波变换推广而来,它仍然是一个多分辨率分解的问题,对于图像而言,分解变成了水平方向的分解和垂直方向的分解,如图 2-8 所示。一级分解后的图像变为四部分:近似部分(LL),水平方向细节部分(HL),垂直方向细节部分(LH),对角线方向细节部分(HH),其中近似部分还可以进行下一级分解,得到图像的二级分解,如图 2-9 所示。

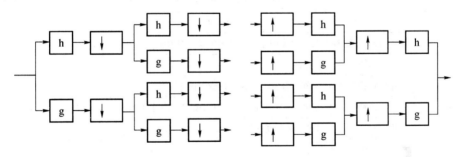

图 2-8　图像一级分解及综合

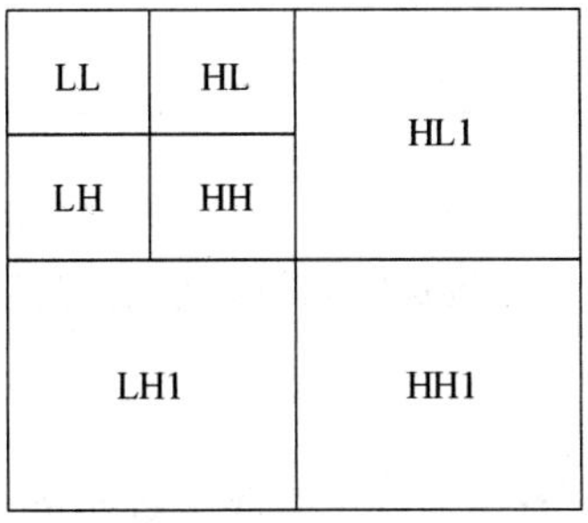

LL	HL	HL1	
LH	HH		
LH1		HH1	

图 2-9　图像经二级分解后的各部分

2.3.3 图像类型的相互转换

有些时候,图像类型的转换是非常有用的。例如,如果用户希望对一幅存储为索引图像的彩色图像进行滤波时,那么应该首先将该图像转换为 RGB 格式,此时再对 RGB 图像使用滤波器,Matlab 将恰当地滤掉图像中的部分灰度值。如果用户希望对一幅索引图进行直接滤波,那么 Matlab 只能简单地对索引图像矩阵的下标进行滤波,这样得到的结果将是毫无意义的。再比如在变换域的数字水印算法中,对于索引图像的载体必须将其先转换为 RGB 图像再加水印,否则将破坏载体。在 Matlab 中,各种图像类型之间的转换关系如图 2-10 所示。其图像处理工具箱中所有的图像类型转换函数如表 2-4 所示。

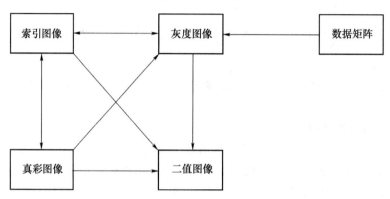

图 2-10 图像类型转换的关系

表 2-4 Matlab 图像类型转换函数及其功能

函　数	功　　能
dither	使用抖动方法,根据灰度图像创建二进制图像或根据 RGB 图像创建索引图像
gay2ind	根据一幅灰度图像创建索引图像
grayslice	使用阈值截取方法,根据一幅灰度图像创建索引图像
im2bw	使用阈值截取方法,根据一幅灰度图像、索引图像或 RGB 图像创建二进制图像
ind2gray	根据一幅索引图像创建一幅灰度图像
ind2rgb	根据一幅索引图像创建一幅 RGB 图像
mat2gray	通过数据缩放,再根据矩阵数据创建一幅灰度图像
rgb2gray	根据一幅 RGB 图像创建一幅灰度图像
rgb2ind	根据一幅 RGB 图像创建一幅索引图像

表 2-4 中几乎所有的函数都具有类似的调用格式:函数的输入是图像数据矩阵(如果是索引图像,那么输入参数还包括调色板矩阵),返回值是转换后的图像(包括索引图像的调色板)。

1. 灰度图像的二值化方法

所谓灰度图像的二值化方法实际上解决的就是将灰度图像转换为二值图像这一问题。转换的方法可用伪 C 语言描述为:

设 $(x,y)_G$ 为灰度图像 G 的像素,

```
floatthreshold;//定义一个转换阈值
if((x,y)_G> = threshold)
    (x,y)_B = 1;
else
    (x,y)_B = 0;
```

则图像 B 为 G 二值转换图。

可以发现,灰度图像二值化的关键因素是阈值 threshold 的大小。取阈值不同,得到的转换图像也不尽相同。Matlab 中函数 im2bw 的输入参数中就包括一个截取阈值。这里先直观地感受一下 threshold 与转换效果的关系。在 Matlab 中输入:

```
>>rgb = imread('c:/lenna.jpg','jpg');
>>rgb = double(rgb)/255;
>>binary1 = im2bw(rgb,0.7);
>>binary2 = im2bw(rgb,0.5);
>>binary3 = im2bw(rgb,0.4);
>>binary4 = im2bw(rgb,0.2);
>>subplot(221),imshow(binary1);title('Threshold = 0.7');
>>subplot(222),imshow(binary2);title('Threshold = 0.5');
>>subplot(223),imshow(binary3);title('Threshold = 0.4');
>>subplot(224),imshow(binary4);title('Threshold = 0.2');
```

得到结果如图 2-11 所示。

Threshold=0.7

Threshold=0.5

Threshold=0.4

Threshold=0.2

图 2-11　灰度图像二值化阈值的作用

可以发现,当转换阈值取 0.4 时,二值化的效果是最好的。这仅是就一幅 Lena 图像在简单比较后得出的结论,只是一个个案。那么,对于普遍情况又是如何确定阈值的呢? 这里介绍一下最简单的全局阈值法(global threshold method)。

全局阈值法是与灰度直方图紧密联系的。灰度直方图的横坐标表示图像的灰度,纵坐标表示该灰度在图像全体像素中出现的频度。图 2-11 是一个简单图像的灰度直方图。对照发现,原始图像只有两个灰度,所以灰度直方图呈现了两个峰值。在二值化的时候,如果将阈值取在两峰之间,自然可以得到良好的二值化效果,否则转换出来的图像就是漆黑一片。

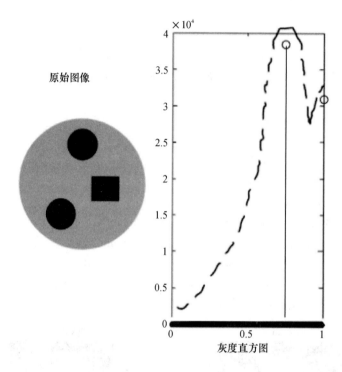

图 2-12   灰度直方图

在图 2-12 中,很容易理解将几个黑色的图形称为对象,将灰色的大圆称作背景。灰度直方图明显地区分了对象与背景。事实上,大多数的图像都有一定数量的对象和背景。也就是说,对象和背景部分的灰度区域集中了大量的像素,从而使灰度直方图呈现峰(modal)与谷(bottom)交替出现的情况,通常称这一现象为灰度直方图的多峰性(multi-modal)。将二值化阈值取在两个主要的峰之间,就可以保证较好的转换效果。这个阈值就是全局阈值。Lena 的灰度直方图如图 2-13 所示。

全局阈值法是最简单的灰度图像二值化方法。由于其只能设立一个绝对阈值,显然它并不是一个优秀的二值化方法。有兴趣去了解其他二值化方法的读者可以参考有关图像图形和模式识别方面的资料。此外,用 Matlab 的 imhist. m 函数可以方便地画出一幅灰度图像的灰度直方图。由于 RGB 与索引图可以转换为灰度图像,所以它们也可以转换为二值图像。这里不赘述。很容易想到,非二值图像二值化是可以由一个映射关系去描述的,反之,则不是一个映射,也无法实现。

2. RGB 图像与索引图像的互换

下面重点介绍 RGB 图像和索引图像之间的转换,这在今后的信息隐藏实验中会用到。RGB 图像转换到索引图像使用的函数是 rgb2ind,该函数的一般使用格式如下:

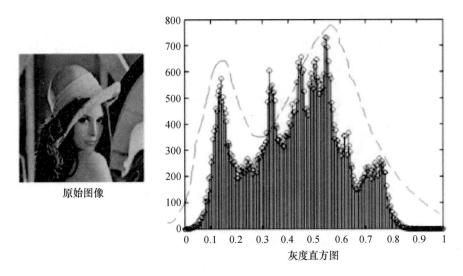

原始图像　　　　　　灰度直方图

图 2-13　Lena 的灰度直方图

[data,map] = rgb2ind(rgbimage,tol) 或

[data,map] = rgb2ind(rgbimage,n)

引入 tol 和 n 两个参数是因为 RGB 图像的色彩非常丰富,而索引图像无法全部显示,故利用这两个参数控制转换的图像色彩数量。tol 是一个 $(0,1)$ 区间的实数相应转换的索引图像的调色板矩阵,包含 $\left(\dfrac{1}{\text{tol}}\right)^3$ 种色彩。n 是一个 $[0,65\,535]$ 的整数,直接表示转换后的索引图像的色彩数量。图 2-14 是将 Lena 图像(RGB)转换为索引图像的效果,取 tol$=0.1$。

RGB图像　　　　　　　　　　　　　　　　　索引图像

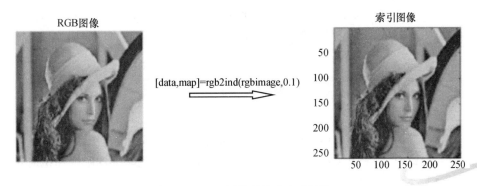

[data,map]=rgb2ind(rgbimage,0.1)

图 2-14　RGB 图像转换为索引图像

索引图像转换为 RGB 图像使用的函数是 ind2rgb。该函数使用就非常简单了。使用格式为:

rgbimage = ind2rgb(data,map)

Matlab 自带的 wbarb 信号用 load 命令得到的图像是一个典型的彩色索引图像。图 2-15是将它转换为 RGB 图像的效果。

比较图 2-14 和图 2-15 可以发现,索引图像转换为 RGB 图像色彩不会失真,而 RGB 图像转换为索引图像一般会出现色彩丢失而导致图像效果变差。

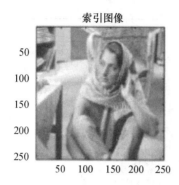
索引图像

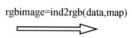
rgbimage=ind2rgb(data,map)

RGB图像

图 2-15 索引图像转换为 RGB 图像

3. 其他转换

另外还可以使用 Matlab 的一些基本语句实现某些转换操作。例如,在灰度图像矩阵 I 上连接自身的三个复件构成第三维,就可以得到一幅 RGB 图像,如 RGB=GRAY(3,I,I,I)。

除了以上的标准转换方法外,还可以利用某些函数返回的图像类型与输入的图像类型之间不同这一特点进行类型转换。例如,基于区域的操作函数总是返回二进制图像,用这些函数可以实现索引图像或灰度图像向二进制图像的转换。

本 章 小 结

目前常用的信息隐藏和数字水印的载体主要为多媒体数据,如音频信号、图像信号、视频信号等,本章分别从人类的听觉系统和视觉系统的特点入手,介绍了语音信号的特点和语音信号处理基础,以及图像信号处理基础。

本 章 习 题

1. 录入一段语音,找出其中对应的元音、清辅音、浊辅音等的波形图。

2. 对一段语音,划分出无声、清音和浊音段,计算各段的短时平均幅度和短时过零率,与图 2-8 比较。

3. 对一段语音进行各种干扰,如叠加均匀分布白噪声、高斯分布白噪声、单音干扰、多音干扰、峰值削波、中心削波等,进行主观质量评价。

4. 对上述各种干扰,计算均方误差,与主观评价进行比较。

5. 对一段语音信号,计算其离散傅里叶变换和短时傅里叶变换(计算短时傅里叶变换时,选择不同长度的窗口)。观察它们的区别,总结它们分别适用的场合。

6. 对一段语音信号,计算其离散小波变换(选择不同的小波基)。观察小波变换后信号的特点。

7. 对一段语音信号,计算其离散余弦变换。观察变换后信号的特点。

第 3 章

信息隐藏基本原理

不可视通信的经典模型是由 Simmons 于 1984 年作为"囚犯问题"首先提出的。假设两个囚犯 A 和 B 被关押在监狱的不同牢房,他们想通过一种隐蔽的方式交换信息,但是交换信息必须要通过看守的检查。因此,他们要想办法在不引起看守者怀疑的情况下,在看似正常的信息中,传递他们之间的秘密信息。这种通信,称为不可视通信,或者称为阈下通信。不可视通信的一种通信方式就是本节要研究的信息隐藏。所谓信息隐藏,就是在一些载体信息中将需要保密传递的信息隐藏进去,而载体本身并没有太大的变化,不会引起怀疑,这样就达到了信息隐藏的目的。当然,设计一个安全的隐蔽通信系统,还需要考虑其他可能的问题,如信息隐藏的安全性问题,隐藏了信息的载体应该在感观上(视觉、听觉等)不引起怀疑。另一方面,信息隐藏应该是健壮的,看守者可能会对公开传递的信息做一些形式上的修改,隐藏的信息应该能够经受住对载体的修改(这一类通常称为被动看守者)。还有更坏的情况是主动看守者,他故意去修改一些可能隐藏有信息的地方,或者假装自己是其中的一个囚犯,隐藏进伪造的消息,传递给另一个囚犯(这一类通常称为主动看守者)。

本章主要围绕信息隐藏的基本原理及其应用范围,介绍信息隐藏的基本模型、信息隐藏的分类和信息隐藏的安全性等问题。

3.1 信息隐藏的概念

首先,给出一些基本的定义。A 打算秘密传递一些信息给 B,A 需要从一个随机消息源中随机选取一个无关紧要的消息 c,当这个消息公开传递时,不会引起怀疑,称这个消息 c 为**载体对象**。然后把需要秘密传递的信息 m 隐藏到载体对象 c 中,此时,载体对象 c 就变为**伪装对象** c'。伪装对象和载体对象在感观上是不可区分的,即,当秘密信息 m 嵌入到载体对象中后,伪装对象的视觉感观(可视文件)、听觉感观(声音)或者一般的计算机统计分析都不会发现伪装对象与载体对象有什么区别,这样,就实现了信息的隐蔽传输,即掩盖了信息传输的事实,实现了信息的安全传递。

秘密信息的嵌入过程,可能需要密钥,为了区别于加密的密钥,信息隐藏的密钥称为伪装密钥。

图 3-1 中,通信一方 A 需要给另一方 B 秘密传递一个消息,并且希望信息的传递不会引起任何人的怀疑和破坏。首先 A 从载体信息源中选择一个载体信号,它可以是任何一种多媒体信号,在其中,使用信息嵌入算法,将秘密信息 m 嵌入多媒体信号中,嵌入算法中可

能需要使用密钥。嵌入了信息的载体通过公开信道传递给 B,用户 B 知道用户 A 使用的嵌入算法和嵌入密钥,利用相应的提取算法将隐藏在载体中的秘密信息提取出来。提取过程中可能需要(或不需要)原始载体对象 c,这取决于 A、B 双方约定的信息嵌入算法。

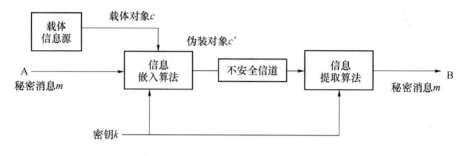

图 3-1 信息隐藏的原理框图

在信道上监视通信过程的第三方,他只能观察到通信双方之间传递的一组载体对象 c_1,c_2,$\cdots$,c_n,由于伪装对象与载体对象很相似,或者说从感观上(甚至计算机的统计分析上)分辨不出哪些是原始载体对象,哪些是伪装对象,因此,观察者无法确定在通信双方传递的信息中是否包含了任何秘密信息。可见,不可视通信的安全性主要取决于第三方有没有能力将载体对象和伪装对象区别开来。

在载体信息源的产生上也应该建立一些约束,并不是所有的数据都可以作为不可视通信的载体的。

一方面,存在冗余空间的数据可以作为载体。由于测量误差,任何数据都包含一个随机成分,称为测量噪声。这种测量噪声可以用来掩饰秘密信息。例如,图像、声音、视频等,在数字化之后,都存在一定的测量误差,它们是不能被人类感观系统精确分辨的,因此,在这些测量误差的位置放入秘密信息,人类的感观系统仍然无法察觉。而另一些不存在冗余空间的数据也可以作为载体,但是它们所携带秘密信息的方式就与前一类载体有所区别,因为不存在冗余空间的数据,不允许在数据上进行些许修改,否则将引起数据的改变。例如,文本文件,文件编码的任何一个比特发生变化,将引起错误的文字。因此,在这样一类数据上的信息隐藏,应该考虑其他方式。针对不同的载体信号,设计不同的信息隐藏方式。

另一方面,应该有一个较大的载体信息库供选择。原则上,一个载体不应该使用两次。因为如果观察者能够得到载体的两个版本,那么,他有可能利用两次的差别来重构秘密信息,或者破坏秘密信息。

3.2 信息隐藏的分类

信息隐藏技术发展到现在,可以大致分为三类:无密钥信息隐藏、私钥信息隐藏和公钥信息隐藏。

3.2.1 无密钥信息隐藏

如果一个信息隐藏系统不需要预先约定密钥,称其为无密钥信息隐藏系统。在数学上,信息隐藏过程可描述为一个映射 $E:C\times M\rightarrow C'$，这里 C 是所有可能载体的集合，M 是所有可能秘密消息的集合，C' 是所有伪装对象的集合。信息提取过程也可看作一个映射 $D:C'\rightarrow M$，从伪装对象中提取秘密消息。发送方和接收方事先约定嵌入算法和提取算法，但这些算法是要求保密的。

定义 3.1(无密钥信息伪装)　对一个五元组 $\Sigma=\langle C,M,C',D,E\rangle$，其中 C 是所有可能载体的集合，M 是所有可能秘密消息的集合，C' 是所有可能伪装对象的集合。$E:C\times M\rightarrow C'$ 是嵌入函数，$D:C'\rightarrow M$ 是提取函数，若满足性质：对所有 $m\in M$ 和 $c\in C$，恒有：$D(E(c,m))=m$，则称该五元组为无密钥信息伪装系统。

在所有实用的信息伪装系统中，载体集合 C 应选择为由一些有意义的、但表面上无关紧要的消息所组成(例如，所有有意义的数字图像的集合，有意义的数字声音的集合，有意义的数字视频的集合等)，这样通信双方在交换信息的过程中不至于引起监视者的怀疑。嵌入函数应该满足这样一个条件：使载体对象和伪装对象在感觉上是相似的。从数学角度说，感觉上的相似性可通过一个相似性函数来定义。

定义 3.2(相似性函数)　设 C 是一个非空集合，一个函数 $\text{sim}:C^2\rightarrow(-\infty,1)$，对 $x,y\in C$，若满足：

$$\text{sim}(x,y)\begin{cases}=1, & x=y\\<1, & x\neq y\end{cases}$$

则 sim 称为 C 上的相似性函数。

当 C 为数字图像或数字声音的集合时，两个信号之间的互相关关系可用来定义为相似性函数。所以，绝大多数实用的信息伪装系统都要努力实现这样的条件：对所有 $m\in M$ 和 $c\in C$，都要求尽量满足：$\text{sim}(c,E(c,m))\approx1$。

为了安全性起见，发送者选择载体时应该尽量选择没有使用过的载体。例如，可以通过使用扫描仪、录音机等临时制作载体，使得每一次通信中，载体都是随机产生的，不会有同一个载体多次使用、攻击者有机可乘的情况产生。当然，在产生载体时，还可以结合隐藏算法，使得选用的载体嵌入信息后，对载体的改变最小，也就是说，选择一个合适的载体，使得载体对象与伪装对象之间的相似性函数达到最大值，即在信息隐藏阶段，发送者选择一个载体 c，使其满足如下条件：

$$c=\underset{x\in C}{\text{Max}}\quad\text{sim}(x,E(x,m))$$

这样就达到一个最佳的隐藏效果，即同样条件下的最大安全性。

为了提高无密钥信息隐藏技术的安全性，可以将秘密信息先进行加密再进行隐藏，因此信息的安全性得到了两层保护，一个是用密码技术将信息本身进行保密，另一个是隐藏技术将信息传递的事实进行了掩盖，它比单独使用一种方式更安全。

3.2.2　私钥信息隐藏

对于无密钥信息伪装，系统的安全性完全依赖于隐藏和提取算法的保密性，如果算法被泄漏，则信息隐藏无任何安全性可言。

在密码学的研究中，有一个公认的设计准则。1883 年，Auguste Kerckhoffs 阐明了第一个密码系统的设计准则：密码设计者应该假设对手知道数据加密的方法，数据的安全性必须仅依赖于密钥的安全性。因此，在密码设计时应该考虑满足 Kerckhoffs 准则。尽管如此,在密码学的历史上,仍不断出现"通过对加密算法的保密来确保安全性"的情况。

信息隐藏的安全性也同样存在这样的问题,信息隐藏系统的设计也应该考虑满足 Kerckhoffs 准则。前面的无密钥信息隐藏系统,其安全性完全建立在隐藏算法的安全性上,显然违反了 Kerckhoffs 准则,在现实中是很不安全的。

因此,设计安全的信息隐蔽传输算法时,应该假定信息隐藏算法是公开的,也就是说,在线路上监视的第三方知道信息隐藏算法,他可以对 A、B 之间传递的每一个载体对象进行分析,用相应的信息提取算法提取秘密信息。但是,在他不知道伪装密钥的情况下,无法提取出有效的秘密信息,正如同已知加解密算法,但不知道密钥,仍然无法破译密码一样。

一个私钥伪装系统类似于私钥密码系统:发送者选择一个载体对象 c,并使用伪装密钥 k 将秘密信息嵌入到 c 中。伪装密钥是由发送者和接收者所共同拥有的(可以事先约定,也可以同时产生,其产生和使用方法等同于密码学中的密钥交换协议)。接收者利用手中的密钥,用提取算法就可以提取出秘密信息。而不知道这个密钥的任何人都不可能得到秘密信息。并且载体对象和伪装对象在感观上是相似的。

定义 3.3(私钥信息伪装) 对一个六元组 $\Sigma = \langle C, M, K, C', D_K, E_K \rangle$,其中 C 是所有可能载体的集合,M 是所有可能秘密消息的集合,K 是所有可能密钥的集合,$E_K : C \times M \times K \to C'$ 是嵌入函数,$D_K : C' \times K \to M$ 是提取函数,若满足性质:对所有 $m \in M, c \in C$ 和 $k \in K$,恒有:$D_K(E_K(c, m, k), k) = m$,则称该六元组为私钥信息伪装系统。

私钥伪装系统需要密钥的交换。在密码学中,总是假定所有的通信各方都能够通过一个安全的信道来协商密钥,并且有各种密钥交换协议,以保证每一次使用的密钥的安全保密性。而信息伪装系统一个独有的特点是,可以直接将伪装密钥"放在"载体中传递给对方。例如,通过利用载体的某些内在特征和一个安全哈希函数,完全可以直接从载体计算出一个用于秘密通信的密钥:$k = H(\text{feature})$。如果嵌入处理不改变载体的"内在特征",接收者就能够重新计算出密钥 k。当然,这样一种内在特征必须高度依赖于载体,使得接收方能够准确地从这种内在特征恢复出密钥。一个简单的例子是,如果伪装对象是一幅数字图像,取图像所有颜色值的最高比特作为一个"内在特征",对其做哈希运算,产生每一次的会话密钥。哈希函数的密钥可以是一个较长期有效的密钥,每次对不同的载体对象,可以产生出不同的会话密钥,保证会话密钥的安全性。然而,这种方式又违反了 Kerckhoffs 准则,因为密钥的安全性又取决于哈希函数的保密性,并取决于"内在特征"的选取的保密性。因此,安全性和便利性在任何时候都存在一定的矛盾,这要根据具体的使用环境、安全强度要求、可用性等方面来权衡,以达到一个平衡。

根据隐藏算法的不同,有些算法在信息提取时还需要得到原始载体对象。这种系统的应用比较有限,因为使用这种算法,还需要考虑原始载体的传递,降低了安全性,并且使用不方便。

3.2.3 公钥信息隐藏

公钥信息隐藏系统使用了公钥密码系统的概念,它需要使用两个密钥:一个公开钥和一个秘密钥。通信各方使用约定的公钥体制,各自产生自己的公开钥和秘密钥,将公开钥存储在一个公开的数据库中,通信各方可以随时取用,秘密钥由通信各方自己保存,不予公开。公开钥用于信息的嵌入过程,秘密钥用于信息的提取过程。

一个公钥信息隐藏的协议由 Anderon 首次提出。它的方法是：A 用 B 的公钥对需要保密的消息进行加密，得到一个"外观"随机的消息，并将它嵌入到一个载体对象中去，嵌入方法就是替换掉载体的测量噪声。前面说过，任何数字化的载体信号都存在或多或少的测量噪声，测量噪声具有"自然随机性"。如果加密后的消息可以达到近似于"自然随机性"，那么嵌入后不会影响载体的感观特性。这里还可以假设加密算法和嵌入函数是公开的，因此任何人都可以利用提取函数得到外观上随机的序列。但是只有接收者 B 拥有解密密钥，用解密密钥可以解出 A 发来的秘密信息。而第三方监视者虽然也可以得到这样的随机序列，但是由于他不拥有解密密钥，他无法肯定这样的随机序列是载体信号的自然噪声还是秘密信息被加密后产生的随机序列。当然，接收者 B 也无法肯定他每一次接收的伪装对象中都包含有加密信息，因此他只能每次运行解密算法，试图用秘密钥去解密，如果伪装载体确实含有秘密信息，则解密出来的就是 A 发来的秘密消息。

这样一种公钥信息隐藏的安全性取决于所选用的公钥密码体制的安全性。同时，还要求用公钥加密后的数据具有良好的随机性，并且这种随机性应该与载体测量噪声的自然随机性在统计特征上是不可区分的。

在密码系统中，公钥体制和私钥体制可以结合使用。首先，用公钥体制完成密钥的交换；然后，用这个密钥进行数据的加密传递。与密码系统中的公钥体制和私钥体制的使用一样，公钥信息隐藏和私钥信息隐藏也可以结合使用。首先，通过使用公钥信息隐藏系统执行一个密钥交换协议，使得 A 和 B 可以共享一个密钥，然后它们就可以在私钥信息隐藏系统中使用这个密钥，如图 3-2 和图 3-3 所示。

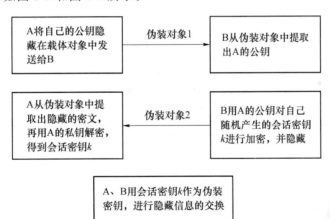

图 3-2　公钥信息隐藏和私钥信息隐藏的结合使用 1

与公钥密码实现的密钥交换协议类似，用公钥信息隐藏进行密钥的交换，无法抵抗中间插入攻击。如果网络上的第三方 C 是主动攻击者，他可以截取到 A 发给 B 的伪装对象 1，然后用 C 自己的公钥替换掉 A 的公钥，再发给 B。B 收到的是 C 的公钥，但他以为是 A 的公钥。然后 B 用这个公钥对自己产生的会话密钥 k 加密并隐藏，再发给 A。在信道上，C 将伪装对象 2 截取下来，用自己的私钥解密后得到会话密钥 k，然后再用 A 的公钥对 k 加密后隐藏发给 A，A 收到后，用自己的私钥解密，得到会话密钥 k。这样一来，A、B 共同拥有了会话密钥 k，但是攻击者 C 也同时掌握了 k，而 A 和 B 都无法意识到密钥已被泄露。因此 A、B 在用 k 作为伪装密钥进行信息隐藏时，秘密信息随时都被攻击者 C 所掌握。这就是一个典型的第三方中间插入攻击。这种情况下,C 只作为一个监听者。如果 C 想进一步破坏,在 A、B 交换的信息中进行篡改或插入其他的信息,他可以每次截取传递的信息,用 k 解密后,再将他想插入的信息加密隐藏发送出去,这样就在 A、B 之间插入了自己的信息,而 A、B 仍然没有意识到危险,第三方插入攻击如图 3-4 所示。

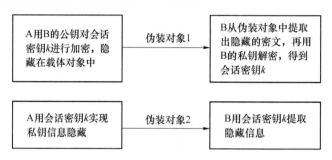

图 3-3　公钥信息隐藏和私钥信息隐藏的结合使用 2

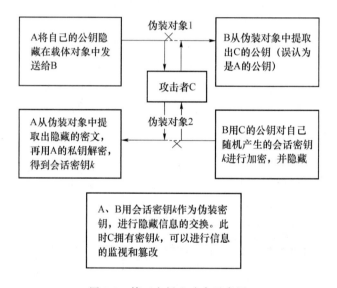

图 3-4　第三方插入攻击示意图

　　从上面的分析可以看出,公钥信息隐藏系统和公钥密码系统一样,存在这种恶意攻击的可能。解决的办法也类似于公钥密码系统,需要公钥证书来完成认证。

3.3　信息隐藏的安全性

　　衡量一个信息隐藏系统的安全性,要从系统自身算法的安全性和可能受到的攻击来进行分析。攻破一个信息隐藏系统可分为三个层次:证明隐藏信息的存在、提取隐藏信息和破坏隐藏的信息。如果一个攻击者能够证明一个隐藏信息的存在,那么这个系统就已经不安全了。在分析一个信息隐藏系统的安全问题时,应该假设攻击者具有无限的计算能力,并且能够也乐于尝试对系统进行各种类型的攻击。如果攻击者经过各种方法仍然不能确定是否有信息隐藏在一个载体中,那么这个系统可以认为是理论安全的。

3.3.1 绝对安全性

Cachin 在参考文献[23]中,从信息论的角度,给出了信息伪装系统安全性的一个正式定义。其中,载体被看作是一个具有概率分布为 P_C 的随机变量 C,秘密消息的嵌入过程看作是一个定义在 C 上的函数。设 P_S 是 $E_K(c,m,k)$ 的概率分布,其中 $E_K(c,m,k)$ 是由信息伪装系统产生的所有的伪装对象的集合。

如果一个载体 c 根本不用作伪装对象,则 $P_S(c)=0$ 。为了计算 P_S,必须给出集合 K 和 M 上的概率分布。Cachin 定义了这样一个熵,它可以衡量两个概率分布的一致程度。设定义在集合 Q 上的两个分布 P_1 和 P_2,当真实概率分布为 P_1 而假设概率分布为 P_2 时,它们之间的熵定义为

$$D(P_1 \parallel P_2) = \sum_{q \in Q} P_1(q) \log_2 \frac{P_1(q)}{P_2(q)}$$

用它来度量嵌入过程对概率分布 P_C 的影响。当假设概率分布与真实概率分布完全一样时,这个熵 $D(P_1 \parallel P_2)$ 为零,说明假设的与真实的概率分布之间没有不确定性。当假设概率分布与真实概率分布不同时,上述定义给出了假设的与真实的概率分布之间不确定性的衡量,P_1 和 P_2 之间差别越大,熵值越大。Cachin 根据 $D(P_C \parallel P_S)$ 来定义一个信息伪装系统的安全性:

定义 3.4(绝对安全性)　设 $\sum$ 是一个信息伪装系统,P_S 是通过信道发送的伪装对象的概率分布,P_C 是 C 的概率分布,若有 $D(P_C \parallel P_S) \leqslant \varepsilon$,则称 $\sum$ 抵御被动攻击是 ε-安全的;若有 $\varepsilon=0$,则称 $\sum$ 是绝对安全的。

因为 $D(P_C \parallel P_S)$ 等于 0 当且仅当两个概率分布相等,也就是说攻击者看到的载体对象和伪装对象的概率分布是完全一致、无法区分的,因此攻击者无法判断传递的是伪装对象还是载体对象。于是可以得出结论:如果一个信息伪装系统嵌入一个秘密消息到载体中去的过程不改变 C 的概率分布,则该系统是(理论上)绝对安全的。

定理 3.1　存在绝对安全的信息伪装系统。

证明:现在给出一个构造性证明。设 C 是所有长度为 n 的比特串的集合,P_C 是 C 上的均匀分布,e 是秘密消息($e \in C$)。发送者随机选择一个载体 $c \in C$,并计算 $s=c \oplus e$,这里 $\oplus$ 是比特异或运算 XOR。这样产生的伪装对象 s 在 C 上也是均匀分布的,因此 $P_C=P_S$,并且 $D(P_C \parallel P_S)=0$。在信息提取过程中,通过计算 $s \oplus c$,就可恢复出秘密消息 e。

上述系统非常简单但没有什么用处,因为没有监狱会让犯人 A 和 B 去交换随机比特串。

3.3.2 秘密消息的检测

在利用信息隐藏传递秘密消息时,一个被动的攻击者 W 随时要做出判决:A,B 间传递的载体 c 是否含有秘密消息。这项工作可转化为一个统计假设检验问题。所以 Wendy 定义一个检验函数 $f: c \to \{0,1\}$:

$$f(c) = \begin{cases} 1, & c \text{ 中含有秘密消息} \\ 0, & \text{其他} \end{cases}$$

当载体在 W 监视的信道上经过时,W 对它们进行归类,判断是否有秘密消息隐藏其中。这

时有四种情况：准确判断隐藏有秘密信息；准确判断没有隐藏信息；从不含有秘密信息的载体中错误地检测出隐藏信息（称为第一类纳伪错误）；在含有秘密信息的载体中错误地认为没有信息隐藏（称为第二类弃真错误）。对一个 ε-安全的信息隐藏系统，假设一个被动攻击者犯第一类纳伪错误的概率为 α，犯第二类弃真错误的概率为 β。一个实用的、安全的信息隐藏系统应该尽可能使被动攻击者犯第二类弃真错误的概率 β 最大。一个理想的信息隐藏系统应该有 $\beta=1$，也就是说，所有藏有信息的载体都被认为没有隐藏信息而被放过，达到了信息隐藏、迷惑攻击者的目的。

对 ε-安全的信息伪装系统，一个被动攻击者所犯的第一类错误的概率 α 和第二类错误的概率 β 通过下列定理联系起来。

定理 3.2（Cachin,1998） 设 $\sum$ 是一个对付被动攻击者为 ε-安全的信息伪装系统，则攻击者检测不到隐藏信息的概率 β 和攻击者错误地检测出一个不是隐藏信息的概率 α 满足关系式：$d(\alpha,\beta) \leqslant \varepsilon$，其中 $d(\alpha,\beta)$ 是按下式定义的二元关系熵：

$$d(\alpha,\beta) = \alpha\log_2 \frac{\alpha}{1-\beta} + (1-\alpha)\log_2 \frac{1-\alpha}{\beta}$$

特别地，若 $\alpha=0$，则 $\beta \geqslant 2^{-\varepsilon}$。

为了证明定理 3.2，用到条件熵函数的一个特殊性质：确定型处理不会增加两个概率分布之间的熵。假设 Q_0 和 Q_1 是两个定义在集合 Q 上的随机变量，其概率分布分别为 P_0^Q 和 P_1^Q，函数 $f: Q \rightarrow T$，则 $D(P_0^T \parallel P_1^T) \leqslant D(P_0^Q \parallel P_1^Q)$，其中，$P_0^T$ 和 P_1^T 分别表示 $f(Q_0)$ 和 $f(Q_1)$ 的概率分布。

证明（定理 3.2）：当载体不包含秘密消息时，所有载体是按 P_C 分布的。考虑随机变量 $f(c)$，并计算它的概率分布 π_C。（这里 f 是前面定义的检验函数 $f: c \rightarrow \{0,1\}$）。当 $f(c)=1$ 时，攻击者会犯第一类错误纳伪错误，因为他错误地判断存在隐藏信息，这样 $\pi_C(1) = \alpha$ 和 $\pi_C(0) = 1-\alpha$。如果载体中含有秘密消息，则载体按 P_S 分布。同样，计算 $f(s)$ 的分布 π_s。当 $f(s)=0$ 时，攻击者会犯第二类错误弃真错误，因为他检测不出隐藏的消息，这样：$\pi_s(0) = \beta$ 和 $\pi_s(1) = 1-\beta$。条件熵 $D(\pi_C \parallel \pi_s)$ 可以表示为

$$\begin{aligned} D(\pi_c \parallel \pi_s) &= \sum_{q \in \{0,1\}} \pi_c(q)\log_2 \frac{\pi_c(q)}{\pi_s(q)} \\ &= (1-\alpha)\log_2 \frac{1-\alpha}{\beta} + \alpha\log_2 \frac{\alpha}{1-\beta} \\ &= d(\alpha,\beta) \end{aligned}$$

使用上述结论可得：$d(\alpha,\beta) = D(\pi_C \parallel \pi_s) \leqslant D(P_C \parallel P_S) \leqslant \varepsilon$。

由于 $\lim_{\alpha \rightarrow 0}\alpha\log_2(\alpha/(1-\beta)) = 0$（利用 De Hospital 法则），于是，$d(0,\beta) = \log_2(1/\beta)$。因此当 $\alpha=0$ 时，$\beta \geqslant 2^{-\varepsilon}$。

因此，对 $\alpha=0$ 的 ε-安全的信息伪装系统，可以得出结论：若 $\varepsilon \rightarrow 0$，则概率 $\beta \rightarrow 1$。如果 ε 很小，则攻击者不能够以很高的概率检测出隐藏的信息。

3.4 信息隐藏的鲁棒性

与密码学一样，信息隐藏系统也存在攻击者，他们可以分为被动攻击者和主动攻击者。

被动攻击者只是在监视和试图破译隐藏的秘密信息,并不对伪装对象进行任何改动。主动攻击者是要截获传递的伪装对象,修改后再发给接收方。主动攻击者有两个层次的目的,第一层的目的是破坏秘密信息的传递,使得接收方收到被修改的伪装对象后,无法正确恢复出秘密信息,攻击者就达到了目的。第二层的目的是要篡改秘密信息,如果攻击者知道了隐藏算法和隐藏密钥,他可以用篡改后的秘密信息替换原来的秘密信息,达到篡改消息的目的。

除了主动攻击者对伪装对象的破坏以外,伪装对象在传递过程中也可能遭到某些非恶意的修改,如图像传输时,为了适应信道的带宽,需要对图像进行压缩编码。还有比如图像处理技术(如平滑、滤波、图像变换等)以及数字声音的滤波,多媒体信号的格式转换等。所有这些正常的处理,都有可能导致隐藏信息的丢失。因此,设计一个可以正常工作的信息隐藏系统,除了安全性以外,还有一个重要的方面就是信息隐藏的鲁棒性。定义一个健壮的信息隐藏系统应满足以下条件:如果不对伪装对象做剧烈的改变,嵌入的信息不可能被改变,那么这样的系统被称为健壮的。

定义 3.5(鲁棒性)　设 $\sum$ 是一个信息伪装系统,P 是一类映射:$C \rightarrow C$,若对所有的 $p \in P$。

(1) 对私钥信息伪装系统,恒有

$$DK(p(EK(c,m,k)),k) = DK(EK(c,m,k),k) = m$$

(2) 对无密钥信息伪装系统,恒有

$$D(p(E(c,m))) = D(E(c,m)) = m$$

而不管如何选择:$m \in M, c \in C, k \in K$,则称该系统为 P-鲁棒性的信息伪装系统。

信息隐藏的安全性和鲁棒性之间存在一个平衡。一个安全性很高的系统,其鲁棒性较差,安全性高,说明隐藏了信息后的伪装对象与载体对象从概率分布上无法区别,因此信息的隐藏必须利用载体的随机噪声,而随机噪声是载体的冗余信息,通过普通的有损压缩,或者攻击者在伪装对象中加入随机噪声,就可以抹去隐藏信息。因此其鲁棒性是比较差的。反过来,一个系统抵御载体修改的鲁棒性越强,则系统的安全性就越低。因为鲁棒性强,说明信息隐藏与载体的特性结合在一起,不易被破坏,但是隐藏信息就会改变载体的某些特征,而这又会严重地降低载体的质量,并且有可能改变概率分布 P_s。

很多信息隐藏系统设计时只能针对某一类特殊的映射具有鲁棒性(比如,JPEG 压缩与解压缩、滤波、加入白噪声等)。一个理想的系统应该对所有的"保持 α-相似性"的映射具有鲁棒性,这里,所谓"保持 α-相似性"的概念是这样的:映射 $p:C \rightarrow C$ 具有性质 $\text{sim}(c, p(c)) \geqslant \alpha$ 且 $\alpha \approx 1$。然而,这样一种系统在实际设计中是相当困难的,并且要达到这样的鲁棒性,隐藏的容量是相当低的。另一方面,一个系统称为 α-弱的,如果对每一个载体都存在一个"保持 α-相似性"的映射,使得隐藏的信息不能按定义 3.5 中的(1)(2)两式恢复出来。

一般地,有两种方法可以使得信息伪装系统具有鲁棒性。第一种方法是,预先了解所有可能的载体修改方式,以使嵌入过程本身就具有针对这些修改的鲁棒性,因而使修改不能彻底地破坏秘密信息。第二种方法是,设法对攻击者在载体上所作的修改进行逆处理,得到原来的伪装对象。

Cox 等人指出,鲁棒性算法应该把需要隐藏的信息放置在信号感观最重要的部分上,因为信息隐藏在噪声部分里,可以不费吹灰之力地就把它去掉。而隐藏在感观最重要的部分,比如一个人脸图像中,当这幅图像不被破坏到无法识别出人脸这样的严重程度之前,都能够恢复出隐藏信息,也就是说,只要图像能够被正常使用,隐藏的信息就不会丢失。即,将隐藏信息与载体的感观最重要的部分绑定在一起,其鲁棒性就会强很多。前面讨论过,鲁棒性和安全性之间存在一定的矛盾,鲁棒性、安全性、隐藏容量之间也存在一定的矛盾。后面章节中会逐一介绍某些具有较强鲁棒性的信息隐藏算法。

3.5 信息隐藏的通信模型

信息隐藏的研究还面临很多未知领域,如缺乏像香农通信理论这样的理论基础,缺乏对人类感知模型的充分理解,缺乏对信息隐藏方案的有效度量方法等。目前对信息隐藏理论的研究主要借鉴信息论研究的观点,研究基于信息论的信息隐藏理论框架,将信息隐藏过程抽象化,将信息隐藏过程类比于隐蔽信息的通信过程。*IEEE Communications Magazine* 期刊在 2000 年 8 月出了一个专题:*Digital watermarking for copyright protection:a communications perspective*,其中包括 6 篇文章,从通信角度考察水印系统的嵌入、检测和信道模型。数字水印与信息隐藏有着密切的联系,可以说,数字水印是一种特殊的信息隐藏系统,虽然它们对稳健性和可察觉性的要求各有侧重,但是,它们的理论基础是一致的。信息隐藏的通信建模提供了一种有效的研究思路,它一方面可以用于理论问题的分析,另一方面有助于将通信领域的一些技术应用到隐藏系统中。

3.5.1 隐藏系统与通信系统的比较

信息隐藏系统由信息的嵌入、传输和提取几部分组成,这与通信系统的发送和接收相类似。因此,通常可以将信息隐藏的载体看作通信信道,将待隐藏信息看作需要传递的信号,而信息的嵌入和提取分别看作通信中的调制和解调过程,如图 3-5 所示。

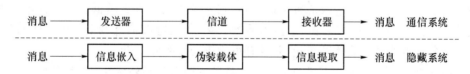

图 3-5　信息隐藏系统与传统通信系统的比较

这两种系统的相似之处是显而易见的。首先,目标相同:都是向某种媒介(称为信道)中引入一些信息,然后尽可能可靠地将该信息提取出来。其次,传输媒介都对待传输的信息提出了约束条件,通信系统中是最大的平均功率或峰值功率约束,隐藏系统中是感观约束条件,即隐藏后的载体信号应与原始载体在感观上不可区分。这一约束通常作为信息嵌入强度的限制条件。

与传统通信系统相比,隐藏系统又有许多不同之处。例如,通信系统中信道的干扰主要为传输媒介的干扰,如设备噪声、大气环境干扰等,而信息隐藏系统不止受到无意的干扰,还受到试图破坏隐藏信息的主动攻击,攻击者可以采用任何一种手段对载有秘密信息的信号进行处理,只要保证攻击前后的信号在感观的角度不能有明显的差异。另外,与通信系统不同的还有,隐藏系统能够知道更多关于信道的信息,因为在信息隐藏端完全知道载体信号,充分利用这些已知信息可以提高隐藏和提取的性能。

　　信息隐藏系统与通信系统的相同之处允许借鉴通信领域的理论、技术来研究信息隐藏问题。引入通信模型,有助于信息隐藏理论问题的研究,如隐藏容量的分析、隐藏性能的评估、隐藏算法的设计等。

　　信息隐藏的容量研究,是信息隐藏的基础。研究隐藏容量需要回答两个问题:在某些条件(如不可察觉性、稳健性)的限制下,载体中能够隐藏消息的最大量是多少? 达到最大容量的隐藏方案是什么? 不同的载体在不可察觉的情况下可以隐藏的信息比特数不同,如在亮度均匀的图像中,微小的改变都会引起注意,而在纹理复杂的图像中则很难察觉变化。因此用信息论的方法估计图像中的隐藏容量是非常有意义的。同样,在其他类型的载体中(如音频、视频等)隐藏容量的分析也是非常必要的。有些学者将图像模拟为高斯噪声源,其方差由平均噪声功率给出,信息隐藏容量通过计算高斯信道容量得到。

　　信息隐藏通信模型的建立主要面临两个难题:一个是对"信道"的数学描述,另一个是对感知模型的数学描述。信息的嵌入算法和提取算法之间的"信道"包括很多不确定因素:非恶意干扰,存储和传输过程中的压缩、格式变换等信号处理过程,以擦除和破坏为目的的主动攻击等,在盲检测情况下载体信号本身也是一种干扰。一般很难找到准确的统计模型描述载体信号。例如,目前还没有合适的模型描述静止图像的亮度和色度特征,一般的做法是采用比较保守的模型。一种方法是用均匀分布描述亮度值。还有采用广义高斯分布表示原始图像 DCT 系数的统计特征,并提供了在 DCT 域评估隐藏方案的分析框架。与载体信号的统计描述相比,对以信号处理为主的攻击的模型的描述参考文献还很少。保守的做法是采用高斯分布模拟最坏的信道情形,因为能量相等时高斯分布具有最大熵,因此接收端能提取出的信息最少。

　　另一方面的困难是对感知模型的描述。信息隐藏是以"无法感知"为约束条件的,感知包括人对图像、视频及文字的视觉感知,对音频信号的听觉感知,以及计算机识别系统对数据、软件等载体的"分析感知"等。在图像处理的研究领域,已有大量学者对人类视觉特性进行了研究。目前有专门用于有损图像压缩算法性能评估的视觉模型。一个常用的模型是依赖于图像的 JND(Just Noticeable Deferences)模型,这是一个门限集合,用于计算基于视觉的量化器。JND 门限为信息隐藏的最大值提供了上界。而其他方面的感知模型还没有图像这样深入而系统的研究。

3.5.2　信息隐藏通信模型分类

　　信息隐藏的方法大致可以分为两类:在空间域(时间域)的隐藏和在变换域的隐藏。空间域的方法一般是隐藏在量化噪声部分,它抵抗一般的滤波、压缩等处理的能力很弱。将信息隐藏在变换域最明显的好处是提高了抗攻击能力,例如,Fourier-Mellin 变换能抵抗几何攻击,傅里叶变换和 DCT 变换可以将信息隐藏在适当的频率段内,变换域的隐藏方法还可以直接应用人类视觉系统的感知模型,以达到较好的不可视性。目前的信息隐藏建模多数在变换域,采用离散、无记忆信道模型。这里从以下几个角度对已有的各种模型进行分类和介绍。

1. 根据噪声性质分类

　　信息嵌入算法和提取算法之间的部分视为信道,根据信道噪声性质可以把隐藏模型分为噪声和非加性噪声信道模型。多数学者用加性信道模拟隐藏系统。设原始图像为 I_0,待

隐藏信息为 W,隐藏后图像为 I_1,接收端收到的图像为 I_2,待隐藏信息经过特定的处理后加载到图像的空间域或变换域中,用 $I_1-I_0=f(W)$ 表示,图像在信道中受到的处理用 $I_2-I_1=P$ 表示。

但是有一些攻击不能用加性噪声表示,如图像的平移、旋转等,这些处理不仅影响像素值,而且还影响数据的位置。一些参考文献将受到这类攻击的水印信道表示为几何信道,并分为两类:针对整个图像的几何变换,包括平移、旋转、尺度变化和剪切,可以用较少的参数描述;另一类是针对局部的几何变换,如抖动等,需要更多的参数来描述。目前对这种信道的研究还很少。

2. 按载体对检测器的贡献分类

信息隐藏系统与通信系统的一个重要区别就在于嵌入端完全知道载体信号,提取端可能知道载体信号,而通信系统的发送端和接收端一般是不知道具体信道的。隐藏模型根据载体对信息提取时的贡献可分为以下两类:

- 第一类模型将载体图像与信号处理、攻击同等对待。信息提取端将载体、信号处理和攻击都看作信道噪声和干扰。例如,将载体和信号处理分别等效为高斯噪声,将载体划分为多个子带,每个子带引入视觉门限来约束信息嵌入强度,因为熵相同的情况下,正态分布信号的能量(方差)最小,因此该结果可以看作不可视条件下的隐藏容量。

- 第二类模型把载体图像视为信道边信息。如果将载体内容仅仅视为噪声,则忽略了这样的事实:信息嵌入端完全知道载体的内容,如果提取端采取非盲检测(即提取算法需要原始载体),则提取端也知道载体内容。因此,将载体的作用视为噪声,则忽略了很多已知条件。因此,Cox 认为这种模型与已知边信息的通信模型很类似。这种模型是基于寻找最佳嵌入方案的思想提出的,允许设计更有效的信息嵌入和提取方法。其基本思想是这样的:定义某种距离的度量,在允许干扰范围内,选择载体图像,使得检测概率最大。这种模型比第一类模型更接近实际系统,得到的隐藏容量也更大。

3. 按是否考虑主动攻击分类

主动攻击的建模难度很大,一些参考文献只考虑原始载体和某类信号处理对信息隐藏的影响。一些学者引入了博弈论的思想来考虑主动攻击的影响:把信息隐藏看作信息隐藏者和攻击者之间的博弈过程,定义载体信号嵌入信息前后、受到攻击前后的距离,在这种距离定义条件下,嵌入过程和攻击过程分别受到约束,隐藏容量就是平衡点处的容量值。

隐藏模型的参考文献很多,都是从不同侧面描述信息隐藏系统,对算法设计和分析起到了一定的指导作用,但是与实际系统仍有很大差距。

3.6 信息隐藏的应用

什么情况下需要信息隐藏呢?现在把它进行一下分类。

首先,军队和情报部门需要隐蔽的通信,即使已经使用密码技术将传输的内容进行加密。现代化战争的胜负,越来越取决于高科技的使用,以及对信息的掌握和控制权。在现代化的战场上,检测到信号就可以马上对之进行攻击。电子战和电子对抗的胜负,直接影响了战争的胜负。正是由于这个原因,军事通信中通常使用诸如扩展频谱调制或流星散射传输的技术使得信号很难被敌方检测到或破坏掉。而伪装式隐蔽通信也正是可以达到不被敌方检测和破坏的目的。

信息隐藏技术除了军队和情报部门需要之外,还有这样一些场合,当在从事某一行为时需要隐藏自己的身份,如匿名通信。这里包括很多合法的行为,包括公平的在线选举、个人隐私的安全传递、保护在线自由发言、使用电子现金等。但是这些匿名技术同样会被滥用于诽谤、敲诈勒索以及假冒的商业购买行为上。在信息隐藏技术的应用中,使用者的伦理道德水平并不是很清楚,所以提供信息隐藏技术时需要仔细考虑并尽量避免可能的滥用。

在医疗工业中尤其是医学图像系统可以使用信息隐藏技术。在医院,一些诊断的图像数据,通常是与患者的姓名、日期、医师、标题说明等信息是相互分离的。有时候,患者的文字资料与图像的连接关系会由于时间或者人为的错误产生丢失,所以,利用信息隐藏技术将患者的姓名嵌入到图像数据中去是一个有效的解决办法。当然,在图像数据中作标记是否会影响病情诊断的精确性,这仍然是一个需要解决的问题。另一个可能的应用是在 DNA 序列中隐藏信息,它可以用来保护医学、分子生物学、遗传学等领域的知识产权。

犯罪团伙也非常需要隐蔽的通信。例如,贩毒分子、恐怖分子等,它们的通信经常是处于警察和安全部门的监控之下的,而他们为了能够不被发现,也会采取各种手段逃避监视。因此,为了确保信息隐藏技术能够被正确和合法地使用,在研究隐藏技术的同时,必须同时研究隐藏的检测和追踪技术,为警察和安全部门监控犯罪团伙的行为提供技术支持。

本 章 小 结

本章给出了信息隐藏的定义、信息隐藏的分类和信息隐藏的应用。信息隐藏是一门新兴的学科,在网络和信息技术高度发达的今天,信息隐藏也不断被应用到各个领域。然而,信息隐藏的理论基础还不是很完备,很多基础理论问题还没有解决,如信息隐藏的数学模型如何建立,各类攻击如何描述,各类感知系统如何度量,信息隐藏的容量极限如何计算等。本章介绍了目前在信息隐藏的通信模型方面的研究成果,我们相信,随着研究的深入,信息隐藏的理论基础会逐步完善。

本 章 习 题

1. 设计一个简单的无密钥信息隐藏系统。
2. 设计一个简单的私钥信息隐藏系统。
3. 设计一个简单的公钥信息隐藏系统。
4. 针对上述三个信息隐藏系统,分析其鲁棒性。
5. 除了书上列举的应用外,请再举出一些信息隐藏的应用场合。

第 4 章

音频信息隐藏

信息隐藏系统可以从不同的角度进行分类。可以根据用于信息隐藏的载体类型进行分类，也可以根据隐藏算法的特点进行分类。

根据信息隐藏的载体分类，可以分为图像中的信息隐藏、视频中的信息隐藏、语音中的信息隐藏、文本中的信息隐藏、各类数据中的信息隐藏等。在不同的载体中，信息隐藏的方法有所不同，需要根据载体的特征，选择合适的隐藏算法。例如，图像、视频、音频中的信息隐藏，大部分是利用了人的感观对于这些载体信号的冗余度来隐藏信息。本章要为大家介绍的是音频信息隐藏与水印。

4.1 基 本 原 理

在各种载体中有很多方法可以用于隐藏信息，其中最直观的一种是替换技术。任何数字多媒体信息，在扫描和采样时，都会产生物理随机噪声，而人的感观系统对这些随机噪声是不敏感的。替换技术就是利用这个原理，试图用秘密信息比特替换掉随机噪声，以达到隐藏秘密信息的目的。

下面以一个例子来说明声音信号中可以用来隐藏信息的地方。

例：数字声音信号各个比特位平面的分析，如图 4-1 所示。

这里用一段 11.025 kHz 采样、16 比特编码的语音信号为例。由于原始信号采用 16 比特编码，因此较低比特位的作用影响更小。首先将语音信号每个采样点的最低 2 比特置为零，见波形(a)，从波形上看与原始信号几乎没有差别，从听觉上也听不出差别；再将最低 4 比特置为零，从波形和听觉效果上仍然感觉不出差别(b)；将最低 6 比特置为零，从波形上看，幅度很小的地方有些许变化，但幅度大的地方仍然没有明显的差别，听其声音效果，只有极少的背景噪声，不易被察觉(c)；如果去掉最低 8 比特的作用，则得到图(e)的波形，能听到比较明显的背景噪声；如果去掉最低 10 比特的作用，其波形图有明显的锯齿状，声音效果中有很强的噪声，但是话音仍较清晰(f)。

从以上两个例子可以看出，人的视觉和听觉系统对于图像和声音的最低比特位是不敏感的，因此，可以利用这些位置隐藏信息。

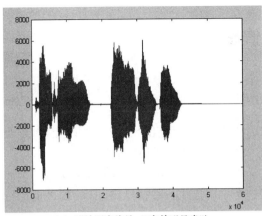

(a) 原始语音信号（"床前明月光"）

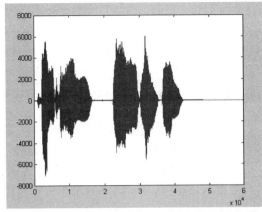

(b) 去掉低2比特位的语音信号（声音信号听不出差别）

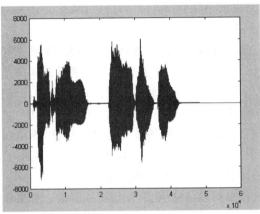

(c) 去掉低4比特位的语音信号（声音信号听不出差别）

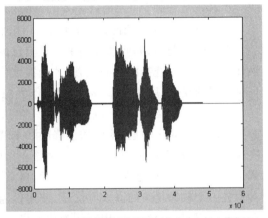

(d) 去掉低6比特位的语音信号（声音中有极少的背景噪声，不易被察觉）

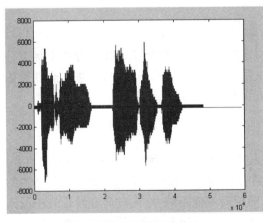

(e) 去掉低8比特位的语音信号（声音中有较明显的背景噪声）

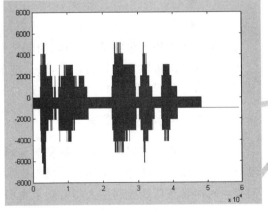

(f) 去掉低10比特位的语音信号（声音中有很强的噪声，但话音仍较清晰）

图 4-1 语音信号位平面示意图

4.2 音频信息隐藏

4.2.1 LSB 音频隐藏算法

从上面的例子看出，对于数字声音，其最低比特位或者最低几个比特位的改变，对整个声音没有明显的影响，因此可以替换掉这些不重要的部分，来隐藏秘密信息。

嵌入过程描述如下：选择一个载体元素的子集 $\{j_1,j_2,\cdots,j_{L(m)}\}$，其中共有 $L(m)$ 个元素，用以隐藏秘密信息的 $L(m)$ 个比特。然后在这个子集上执行替换操作，把 c_{j_i} 的最低比特用 m_i 来替换（m_i 的取值为 0 或 1）。

提取过程描述如下：找到嵌入信息的伪装元素的子集 $\{j_1,j_2,\cdots,j_{L(m)}\}$，从这些伪装对象 s_{j_i} 中抽出它们的最低比特位，排列之后组成秘密信息 m。

现在的问题是，如何选择用来隐藏信息的载体的子集，即如何选择 j_i。同时，接收方应该知道发送方所选择的隐藏位置，才能提取信息。一个最简单的方法是，发送者从载体的第一个元素开始，顺序选取 $L(m)$ 个元素作为隐藏的子集。通常由于秘密信息的比特数 $L(m)$ 比载体元素的个数 $L(c)$ 小，嵌入处理只在载体的前面部分，剩下的载体元素保持不变。这会导致严重的安全问题，载体的已修改和未修改部分，具有不同的统计特性。因此，为了解决这个问题，可以使用两种方法，一种是在秘密信息嵌入结束后，再继续嵌入伪随机序列，直到载体结束；另一种是在一次嵌入之后，再重复嵌入秘密信息，直到载体结束。

另一个较为复杂的嵌入方法是，使用伪随机数来扩展秘密信息，如随机间隔法。如果收发双方使用同一个伪装密钥 k 作为伪随机数发生器的种子，那么他们能生成一个共同的伪随机序列 $k_1,k_2,\cdots,k_{L(m)}$，并且把它们和索引一起按如下方式生成隐藏信息的载体子集：

$$j_1=k_1$$
$$j_i=j_{i-1}+k_i, \quad i\geqslant 2$$

通过这样产生的嵌入位置子集，可以伪随机地决定两个嵌入位的距离。接收方由于拥有伪装密钥 k 和伪随机数发生器的信息，因此他能重构序列 $k_1,k_2,\cdots,k_{L(m)}$，从而进一步获得隐藏信息的载体位置，提取出秘密信息。这种替换技术在流载体中是非常有效的。

4.2.2 回声隐藏算法

音频信号和经过回声隐藏的携密数据对于人耳来说，前者就像是从耳机中听到的声音，没有回声。而后者就像是从扬声器里听到的声音，有所处空间诸如墙壁、家具等物体产生的回声。回声隐藏巧妙地利用人类听觉系统（HAS）的时域掩蔽特性，通过向音频信号中引入回声来完成隐藏秘密信息的一种技术方法。回声隐藏与其他方法不同，它不是将水印信息当成随机噪声嵌入到载体数据中，而是利用载体数据的环境特征（回声）嵌入水印信息。尽管引入回声的方法必然会导致载体音频信号的失真，但只要选择合理的回声参数 a 和 m，附加的回声就难以被人类听觉系统所觉察。回声的数字音频信号可表示为：$y[n]=s[n]+\lambda*s[n-m]$，其中，$y[n]$ 是加入回声后的音频信号，$s[n]$ 是原始音频信号，λ 为回声的幅度系数，m 为时延参数。λ 为 0～1 之间的正数，m 一般表示回声信号滞后于原始信号的样点间隔。由 HAS 的时域后掩蔽特性可知,对于回声时延的大小是有限制的。一般情况下,回声时延 m 的取值一般在 50～200 ms 之间。过小会增加嵌入信息恢复的难度,过大则会影响隐藏信号的不可感知性。同时,回声的幅度系数 a 的取值也同样需要精心选择,其值与信号传输环境和时延取值有关,一般地,λ 取值在 0.6～0.9 之间。

具体实现方法如下。

(1) 隐藏算法

① 首先将音频采样数据文件分成包含 N 个样点的子帧,子帧的时长可以根据隐藏数据量的大小划分,一般时长从几个毫秒到几十毫秒,每个子帧隐藏一个比特的秘密信息。

② 定义两种不同的回声时延 m_0, m_1(其中 m_0, m_1 均要求远小于子帧时长 N)。当秘密信号比特值为"0"时,回声时延为 m_0;当秘密信号比特值为"1"时,回声时延为 m_1。

③ 将载体信号的每个子帧按照式 $y[n] = s[n] + \lambda s[n-m]$ 产生回声信号。

④ 将所有含回声的信号段串联成连续信号。

(2) 提取算法

回声隐藏算法的最大难点在于秘密信号的提取,其关键在于回声间距的确定。由于回声信号是载体音频信号和引入回声信号的卷积,因此在提取时需要利用语音信号处理中的同态处理技术,利用倒谱相关测定回声间距。在进行提取时,必须要确定数据的起点并预先得到子帧的长度、时延 m_0 和 m_1 等参数值。具体步骤为:

① 将接收到的数据按照预定的时长划分为子帧。

② 求出各段的倒谱自相关值,比较 m_0 和 m_1 处的自相关幅值 F_0 和 F_1,如果 F_0 大于 F_1,则嵌入比特值为"0";如果 F_1 大于 F_0,则嵌入比特值为"1"。

4.3 简单扩频音频隐藏算法

4.3.1 扩展频谱技术

在通信中有一种技术叫扩展频谱通信技术,它的定义是:信号在大于所需的带宽内进行传输,数据的带宽扩展是通过一个与数据独立的码字完成的,并且在接收端需要该码字的一个同步接收,以进行解扩和数据恢复。扩频信号的特点是,信号占据很宽的频带,在每一个频段上的信号能量很低,尽管整个信号的能量可以很高。即使部分信号在几个频段丢失,其他频段仍有足够的信息可以用来恢复信号。而利用不同的、相互正交的扩频码,可以在一个很宽的频带内同时传输很多路信号,它们之间相互正交,不会产生干扰。而且每个频段的信号能量很低,信噪比很小,可以认为是淹没在信道噪声中的。因此这种通信技术的优势是拦截概率小,抗干扰能力强,检测和删除一个扩频信号是很困难的。

扩频通信的概念可以应用到伪装通信系统中来,伪装系统就是试图将秘密信息扩展在整个载体中,以达到不可察觉的目的,并且删除一小部分载体,也很难删除整个信息。

本节主要介绍扩频技术在信息隐藏中的一种理想模型,以及一个扩频信息隐藏的应用。

4.3.2 扩频信息隐藏模型

Smith 和 Comiskey 提出了一个扩频信息隐藏系统的一般框架。他们的方法是,使用

$M \times N$ 的灰度图像作为载体。假设通信双方 A 和 B 共同拥有一组（至少）$L(m)$ 个正交的、尺寸为 $M \times N$ 的灰度图像 ϕ_i，把它们作为伪装密钥，这里 ϕ_i 满足：

$$\langle \phi_i, \phi_j \rangle = \sum_{x=1}^{M} \sum_{y=1}^{N} \phi_i(x,y)\phi_j(x,y) = G_i\delta_{ij}$$

其中，

$$G_i = \sum_{x=1}^{M} \sum_{y=1}^{N} \phi_i^2(x,y), \quad \delta_{ij} = \begin{cases} 1, & i = j \\ 0, & i \neq j \end{cases}$$

首先，A 通过计算图像 ϕ_i 的加权和，产生一个秘密图像信息 $E(x,y) = \sum_i m_i\phi_i(x,y)$，然后选择一个载体图像 C，要求 C 与 ϕ_i 全部正交。计算载体图像 C 与与秘密图像 E 的和，得到一个伪装对象 S：

$$S(x,y) = C(x,y) + E(x,y)$$

通过这样的方法将秘密信息编码到载体中去。

在接收端，由于 C 与 ϕ_i 全部正交，所以 B 可以通过计算伪装图像 S 在基础图像 ϕ_i 上的投影得到第 i 个秘密信息位 m_i：

$$\begin{aligned} \langle S, \phi_i \rangle &= \langle C, \phi_i \rangle + \left\langle \sum_j m_j\phi_j, \phi_i \right\rangle \\ &= \sum_j m_j\langle \phi_j, \phi_i \rangle \\ &= G_i m_i \end{aligned}$$

上式两端除以 G_i 就可以得到秘密消息比特 m_i。这一方法在信息提取时，不需要原始图像 C。

以上描述的是一个理想的扩频信息隐藏系统模型，这里是以 $M \times N$ 大小的灰度图像为例，同样可以扩充到其他类型的信号，如一维信号等。这一理想模型假设所有基础图像为相互正交的，并且原始图像也与所有基础图像正交。但是在实际情况下，要设计一组既有图像含义又严格满足正交条件的基础图像是很困难的；或者基础图像可以严格正交，不具有图像含义，但是一个任选的载体图像并不能够保证与所有基础图像正交。因此，前面给出的是一个理想的、概念性的模型，实际使用时，由于正交性不能严格满足，因此会引入误差。

4.3.3 扩频信息隐藏应用

一个直接的应用扩频技术的信息隐藏方法可以描述如下。在嵌入处理前，为了保证信息的安全并能够抵抗攻击，首先对秘密信息进行加密，然后用纠错编码技术对加密的信息进行编码，这样提高了整个隐藏信息的安全性和鲁棒性。然后用一个伪随机序列对编码信息进行调制，也就是用伪随机序列对信息进行了扩频，最后附加在载体上，进行传输。

在接收方，采用相反的过程。首先提取出伪装载体上的扩频信息，这一步需要原始载体作参考。如果没有原始载体，那么可以采用图像（信号）处理技术得到原始信号的一个估计，但是用估计的原始载体作参考，会引入一定的误差，因此需要纠错编码技术来纠正一定的误码。得到扩频的信号，再用扩频码进行解扩，然后进行解码和解密，最后得到秘密信息。

这种方法就是直接将扩频通信的方法应用到信息隐藏技术中来。

4.4　基于 MP3 的音频信息隐藏算法

4.4.1　MP3 编码算法

MP3 编码算法的过程如图 4-2 所示。

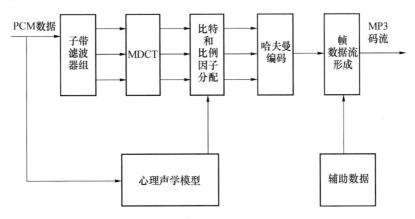

图 4-2　MP3 编码算法的过程

MP3 编码算法流程大致可以分为四部分:时频映射、心理声学模型、量化编码、帧数据流格式化。其中时频映射部分包括子带滤波器组 0 和 MDCT(修正的离散余弦变换),量化编码包括比特和比例因子分配和哈夫曼编码。输入 PMC 音频数据是按帧进行处理的,每帧包括 1 152 个 CPM 样值,而每帧又分为两个颗粒,也就是每个颗粒包含 576 个 CPM 样值。MP3 的压缩算法实质上属于有损压缩,而对于人耳来说,MP3 的压缩算法属于无损压缩。这里应用的理论基础是人耳的听觉系统的掩蔽效应,包括时域掩蔽和频域掩蔽效应,主要是应用频域掩蔽效应。为了应用频域掩蔽效应,需对每颗粒的 576 个 CPM 样值作时频变换,首先将 CPM 样值送入子带滤波器值,经子带滤波器组均匀地分为 32 个子带信号,每个子带包含 18 个样值。然后,再对各子带作 MDCT 变换,从而得到 576 个等间隔的频域样值。

经时频变换后得到的左右声道频域样值需根据所要求的模式进行声道模式处理,MP3 标准提供了五种声道模式。

(1) 单声道模式:只有一个声道的模式。

(2) 双声道模式:具有两个相互独立声道的模式。

(3) 立体声模式:具有两个声道且两个声道之间有一定关联的模式。

(4) 强度立体声模式:是在立体声模式的基础上,对某些比例因子带的样值,仅对左右声道之和以及子带能量进行编码以获取更高的压缩率。

(5) 和差立体声模式:对左右声道频域样值的和值及差值分别进行编码的立体声模式。

频域样值经模式处理后,就进行量化和编码。所采用的是非均匀量化,量化过程处于两重迭代循环中,而且每循环一次都要对每个频域样值执行一次量化,计算量较大,对量化的结果进行哈夫曼编码,这样会增加算法的复杂度,但可以利用信号的统计特性提高压缩率。这也是 MP3 压缩算法的层Ⅲ与层Ⅰ和层Ⅱ的主要区别之一。

量化是在心理声学模型的控制下进行的,原始的 PCM 音频数据分为两路,一路进入子带滤波器组,另一路进入心理声学模型。心理声学模型是对掩蔽效应的具体应用:首先对 PCM 样值做 1 024 点 FFT 运算,然后对音频数据的频域特性进行分析,依据已预先建立起来的统计模型数据求出各个比例因子带的信号掩蔽比,并依次指导频域样值的量化,使得量化噪声尽可能地分配在不易被觉察的频带。

最后一步是帧数据流格式化,把比特流打包形成 MP3 码流。也就是按照 MP3 标准所规定的码流格式,把帧头、纠错码、边信息、主数据、附加数据等有关信息组合成适合于解码的帧。

4.4.2　MP3 解码算法

解码是编码的逆过程,如图 4-3 所示。

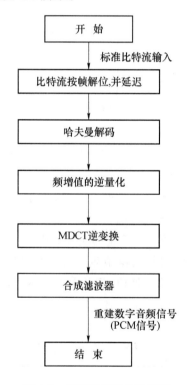

图 4-3　解码是编码的逆过程

与编码相比,解码部分要简单得多。第一步,首先查到每一帧头信息中的同步码(12 比特"1"),使数据流能够同步,同时分析头信息,得出采样率、比特率及声音模式等消息;如果有必要还包括 CCR 校验;第二步,读取该帧的边信息,解出解码所需的各辅助参数(即哈夫曼码本的选择信息、比特分配信息等),并存储下来;第三步,根据边信息中 main-data-end 参数找到该帧的主数据的位置(某一帧的主数据不一定紧跟在该帧边信息之后),由主数据解得缩放因子数据和哈夫曼码字;第四步,根据边信息中哈夫曼码本的选择信息解出频域量化样值;最后,通过逆量化、混叠处理、IMDCT 和合成滤波器(它是多相正交镜像滤波器的逆过程)重建数字音频信号。

4.5　基于 MIDI 信息隐藏

4.5.1　MIDI 文件简介

一个标准 MIDI 文件基本上是由两部分组成:头块和音轨块。头块用来描述整个 MIDI 文件基本信息。音轨块则包含一系列由 MIDI 消息构成的 MIDI 数据流。原则上,可为某种声音、某种乐谱或某种乐器等分配一个音轨块。

MIDI 文件中前四个字节是 ASCII 字符"MThd",用来判断该文件是否为 MIDI 文件,而随后的四个字节指明文件头描述部分的字节数,它总是 6,所以一定是"00 00 00 06"。随后的 ff ff nn nn dd dd 中的 nn nn 表示指定轨道数,也就是实际音轨数加上一个全局音轨。头块之后剩下的文件部分是一个或多个音轨块,每一个音轨块如表 4-1 所示。

表 4-1　音轨块的描述

标识符串(4 字节):"MTrk"
音轨块数据区长度(4 字节):单位为字节
音轨块数据区:由多个 MIDI 事件构成

每一个 MDII 事件的构成:

MIDI 事件＝＜delta time＞＜MIDI 消息＞

＜delta time＞采用可变长编码,它决定了其后的 MIDI 消息被执行的时间。

一个 MIDI 消息是由一个状态字节及多个数据字节构成。MIDI 消息根据性质可分成通道消息(Channel Message)和系统消息(System Message)两大类。

通道消息是对单一的 MIDI Channel 起作用,其 Channel 是利用状态字节的低 4 位来表示,可从 0 到 15 共有 16 个 channel。通道消息又分为声音消息和模式消息。声音消息用于控制合成器的声音产生。模式消息则为最多达 16 条通道分配声音关系,包括设定单音模式或复音模式等。

系统消息应用于整个系统而不是特定通道,并且不含有任何通道码。有三种系统消息:公共消息、实时消息和专用消息。公共消息提供的功能有选择歌曲、用拍子数来设定歌曲位置指针,及向合成器发出旋律请求。实时消息用来设定系统的实时参数,包括时钟、启动、停止定序器、从停止位置恢复定序器和系统复位。系统专用消息包含了厂商特定的数据,如标识、系列号、模型号及其他信息。

4.5.2　MIDI 数字水印算法原理

MIDI 文件的声音消息有 7 种,如表 4-2 所示。

表 4-2　MIDI 文件的声音消息

声音消息	功能描述	数字字节描述
80-8F	声音关闭	1 字节:音符号；2 字节:音速
90-9F	声音开启	1 字节:音符号；2 字节:音速
A0-AF	音键压力	1 字节:音符号；2 字节:键压力
B0-BF	控制变化	1 字节:控制器号(0～121)；2 字节:控制值
C0-CF	改变乐器	1 字节:乐器编号
D0-DF	通道触动压力	1 字节:压力
E0-EF	音调轮变化	1 字节:弯音轮变换值的低字节 2 字节:弯音轮变换值的高字节

改变 MIDI 音乐文件的部分声音消息并不影响 MIDI 文件的听觉效果,通过实验,改变声音开启的最低位比特、乐器编号的最低位比特和通道触动压力的低 4 比特位,都不会引起听觉差异,因此可在这三种声音消息中嵌入水印信息。

本 章 习 题

1. 选择一个 WAV 音频文件作为载体,用 LSB 方法,将消息"0123456789"隐藏到载体中。分析实验结果,并提取隐藏的消息。

2. 分析上述 LSB 方法能够隐藏的最大容量。

3. MP3 音频信息隐藏算法的原理是什么?

4. 试实现一个语音的回声隐藏算法,分析其隐藏容量、对原始语音的影响以及抵抗破坏的能力。

5. 自己设计一个音频信息隐藏和提取算法,分析其特性。

第 5 章

图像信息隐藏

信息隐藏的载体可以是图像、音频、文本等。图像是目前互联网上传播较多的文件格式之一。图像信息隐藏是信息隐藏领域研究时间最长,研究成果最多的载体类型之一。

5.1 时域替换技术

在各种载体中有很多方法可以用于隐藏信息,其中最直观的一种就是替换技术。图像在扫描和采样时,都会产生物理随机噪声,而人的视觉系统对这些随机噪声是不敏感的。替换技术就是利用这个原理,试图用秘密信息比特替换掉随机噪声,以达到隐藏秘密信息的目的。

下面以灰度图像来说明图像和声音信号中可以用来隐藏信息的地方。

例1 首先,介绍图像的数据表示。

如图 5-1 所示,以一个 8×8 的图像为例,共有 64 个像素点,每一个像素点的取值为 0~255,可以用 8 比特表示,图中每一个横截面代表一个位平面,第一个位平面由每一个像素最低比特位组成,第八个位平面由每一个像素的最高比特位组成。因此这八个位平面在图像中所代表的重要程度是不同的。如图 5-2 所示,以 Lena 图像为例。

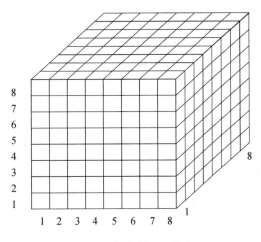

图 5-1　图像像素的灰度表示

图 5-2(b)和(c)中,最低的两个位平面反映的基本上是噪声,没有携带图像的有用信息;

而加入第 3 个位平面后,则噪声信息显得不均匀,已经包含了一些图像信息;而 1～4 个位平面所携带的信息已经有了明显的不均匀,可以注意到已经不是均匀的噪声了,而去掉第 1～4 个位平面的 Lena 图像已经出现了可见的误差;往后的几幅图(f,g,h)则变化越来越明显。

(a) 原始图像(8bit 灰度BMP图像)

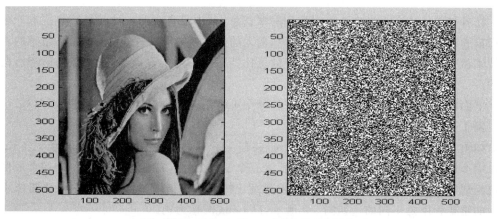

(b) 去掉第一个位平面的Lena图像和第一个位平面

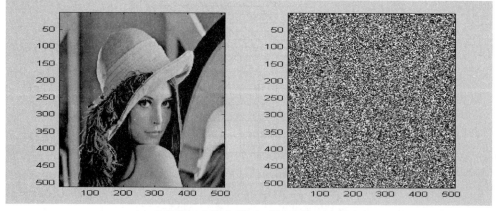

(c) 去掉第1~2个位平面的Lena图像和第1~2个位平面

图 5-2　Lena 图像各个位平面示意图

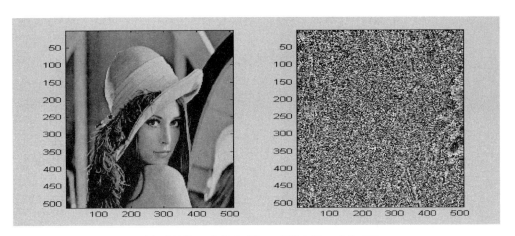

(d)　去掉第1~3个位平面的Lena图像和第1~3个位平面

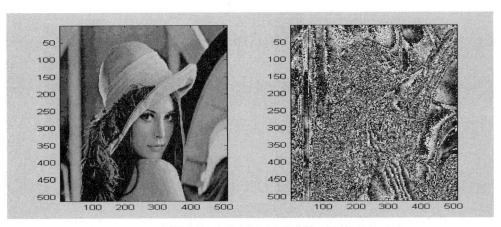

(e)　去掉第1~4个位平面的Lena图像和第1~4个位平面

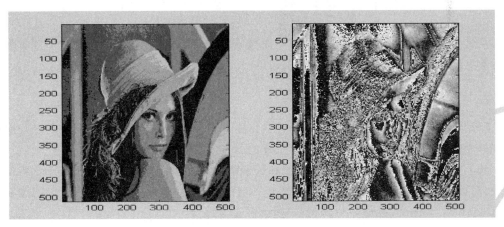

(f)　去掉第1~5个位平面的Lena图像和第1~5个位平面

图 5-2　Lena 图像各个位平面示意图(续)

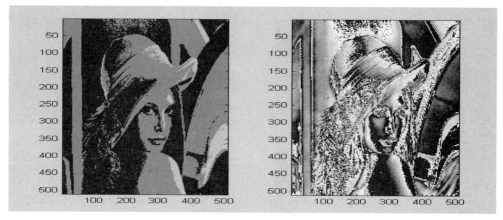

(g) 去掉第1~6个位平面的Lena图像和第1~6个位平面

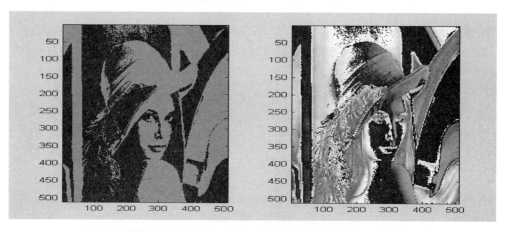

(h) 去掉第1~7个位平面的Lena图像（即第八个位平面）和第1~7个位平面

图 5-2　Lena 图像各个位平面示意图(续)

从这个例子可以看出每一个位平面对图像能量的贡献大小,也可以帮助我们理解如何选择信息隐藏的位置,达到不易被察觉的目的。

5.1.1　流载体的 LSB 方法

所谓流载体,就是发送方在信息嵌入时,得不到载体的全部元素,只能在嵌入过程中得到载体元素进行嵌入。比如在一个实时采样的语音信号中,实时的嵌入秘密信息。

从上面两个例子看出,对于数字图像和数字声音,其最低比特位或者最低几个比特位的改变,对整个图像或者声音没有明显的影响,因此替换掉这些不重要的部分,可以隐藏秘密信息。

嵌入过程描述如下:选择一个载体元素的子集 $\{j_1, j_2, \cdots, j_{L(m)}\}$,其中共有 $L(m)$ 个元素,用以隐藏秘密信息的 $L(m)$ 个比特。然后在这个子集上执行替换操作,把 c_{j_i} 的最低比特用 m_i 来替换(m_i 的取值为 0 或 1)。

提取过程描述如下:找到嵌入信息的伪装元素的子集 $\{j_1, j_2, \cdots, j_{L(m)}\}$,从这些伪装对象 s_{j_i} 中抽出它们的最低比特位,排列之后组成秘密信息 m。

现在的问题是,如何选择用来隐藏信息的载体的子集,即如何选择 j_i。同时,接收方应该知道发送方所选择的隐藏位置,才能提取信息。一个最简单的方法是,发送者从载体的第一个元素开始,顺序选取 $L(m)$ 个元素作为隐藏的子集。通常由于秘密信息的比特数 $L(m)$ 比载体元素的个数 $L(c)$ 小,嵌入处理只在载体的前面部分,剩下的载体元素保持不变。这会导致严重的安全问题,载体的已修改和未修改部分,具有不同的统计特性。因此,为了解决这个问题,可以使用两种方法:一种是在秘密信息嵌入结束后,再继续嵌入伪随机序列,直到载体结束;另一种是在一次嵌入之后,再重复嵌入秘密信息,直到载体结束。

另一个较为复杂的嵌入方法是,使用伪随机数来扩展秘密信息,如随机间隔法。如果收发双方使用同一个伪装密钥 k 作为伪随机数发生器的种子,那么他们能生成一个共同的伪随机序列 $k_1, k_2, \cdots, k_{L(m)}$,并且把它们和索引一起按如下方式生成隐藏信息的载体子集:

$$j_1 = k_1$$
$$j_i = j_{i-1} + k_i, \quad i \geqslant 2$$

通过这样产生的嵌入位置子集,可以伪随机地决定两个嵌入位的距离。接收方由于拥有伪装密钥 k 和伪随机数发生器的信息,因此他能重构序列 $k_1, k_2, \cdots, k_{L(m)}$,从而进一步获得隐藏信息的载体位置,提取出秘密信息。这种替换技术在流载体中是非常有效的。

5.1.2　伪随机置换

如果在嵌入过程中能够得到载体的所有元素,那么就可以从整个载体考虑,把秘密信息比特随机地分散在整个载体中。

发送端首先用一个伪随机数发生器和种子密钥产生一个索引序列 $\{j_1, j_2, \cdots, j_{L(m)}\}$,将第 k 个秘密消息比特隐藏在索引为 j_k 的载体元素的最低比特位中。这里如果对伪随机数发生器的输出不加任何限制,同一个索引值可能出现多次,称这种情况为碰撞。如果碰撞发生,那么在同一个载体元素中就多次插入了消息比特,破坏了秘密消息。为了防止碰撞的发生,发送端可以使用一个集合 B 用以记录所有已经使用过的载体索引值,当再次出现同样的索引值时,则放弃这个索引值,再选择下一个元素。

由于收发双方共同拥有一个同样的伪随机数发生器和种子密钥,接收方也可以产生同样的索引序列,并且使用一个集合,记录已经产生的索引值,如果发现碰撞,则放弃当前使用过的值,使用下一个索引值。

还可以举出许多其他的方法。比如,第一种方法是,对所有元素的位置集合 $\{1, 2, \cdots, L(c)\}$ 做一个随机置换,再取其中的一个子集,作为隐藏秘密信息的位置索引。收发双方拥有同样的随机置换算法,以及取子集的方法。第二种方法是,可以根据载体元素取值的范围,确定隐藏位置的索引值,比如,载体元素取值在 $[a, b]$ 范围之内的所有元素作为隐藏秘密信息的位置,而收发双方共同拥有信息 a 和 b。这样选择的载体元素分布在整个载体之中。读者还可以自己设计一些置换的方法。

使用最低比特位方法隐藏信息的优点是算法简单,容易实现,隐藏容量较大,大部分都是私钥隐藏方法或者无密钥隐藏方法。其缺点是安全性不高,从隐蔽性的角度来讲,如果没有故意破坏或者压缩等处理,信息的隐藏不易被察觉。但是从安全性角度来讲,如果伪装对象被叠加上一些噪声(包括人为干扰或信道噪声),或者为了适应传输信道,对图像和声音进行了有损压缩,或者是攻击者有意的破坏等,都可以擦除隐藏的信息,使得接收者无法正确恢复出秘密信息。

为了提高 LSB 方法的安全性,可以采取一些有效的措施。一个方法是对秘密信息先加密后再隐藏。其次,在隐藏信息时,可以多次重复嵌入,以提高信息的冗余度,也可以抵抗一些破坏。另外,还可以引入纠错编码技术,在秘密信息嵌入之前先进行纠错编码,再进行隐藏,这样,即使出现少量的干扰,也可以正确恢复出秘密信息。

5.1.3 利用奇偶校验位

可以把载体划分成几个不相重叠的区域,在一个载体区域中(而非单个元素中)存储一比特信息。具体方法是,首先选择 $L(m)$ 个不重叠区域,计算出每一个区域的所有最低比特的奇偶校验位,$p(I) = \sum_{j \in I} \mathrm{LSB}(c_j) \bmod 2$,并选择一个载体元素的最低比特位存放这个区域的奇偶校验位。嵌入信息时,是在对应区域的奇偶校验位上嵌入信息比特 m_i,如果奇偶校验位与 m_i 不匹配,则将该区域中所有元素的最低比特位进行翻转,导致奇偶校验位与 m_i 相同。在接收端,收方与发方拥有共同的伪装密钥作为种子,可以伪随机地构造载体区域。收方从载体区域中计算出奇偶校验位,排列起来就可以重构秘密信息。

5.1.4 基于调色板的图像

图像的表示方式有两种:一种是在图像矩阵中直接存放像素的实际数据;另一种是基于调色板的图像。基于调色板的图像由两部分组成:一部分是调色板数据,它定义了 N 种颜色索引对 (i, c_i) 列表,它为每一个颜色向量 c_i 指配一个索引 i;另一部分是实际图像数据,它保存每一个像素的调色板索引,而不是保存实际的颜色值。这里颜色向量 c_i 代表 R、G、B 三个分量的值,如果是灰度图像,则三个分量取值相同。如果整幅图像仅使用了一小部分颜色值,使用调色板方式的图像,可以大大减小文件的尺寸。

对于基于调色板的图像,用 LSB 技术隐藏信息有两种方法:一种是对调色板的颜色向量的 LSB 修改;另一种是对图像数据(索引数据)的 LSB 修改。

前一种方式在调色板的颜色向量的最低比特位进行秘密信息的替换,应注意,如果是灰度图像,只能利用调色板的三分之一颜色值进行隐藏,因为应该保证三种颜色的值为一样的。修改灰度图像的调色板颜色数据对图像的显示没有明显影响。但是对彩色图像,如果在 R、G、B 三色中同时修改最低比特位,产生的图像颜色可能会出现偏差,引起攻击者的怀疑。

后一种方式是在图像的索引数据中进行 LSB 的替换。这里应该注意,图像的索引数据代表的是调色板中某一种颜色的顺序号,由于调色板并不要求有任何的排序,因此调色板中相邻的颜色值在感观上有可能并不接近,因此,简单地修改图像数据的 LSB,可能会导致颜色的跳跃变化。因此,为了能够在图像数据中进行信息的隐藏,需要首先对调色板进行排序,例如,将颜色值根据它们在色彩空间中的欧几里得距离进行排序:

$$d = \sqrt{R^2 + G^2 + B^2}$$

这样,调色板中相邻颜色在感观上是接近的,这样在图像数据中修改 LSB 时,不会引起太大的颜色波动。

另外,由于人类视觉系统对颜色的亮度比较敏感,因此另一种可行也可能较好的方法是,根据颜色的亮度成分对调色板进行排序,然后就可以放心地修改图像数据的 LSB。

此外,还可以用调色板的排序方式对信息进行编码。因为在图像的存储中,调色板不需以任何方式排序,所以在以调色板保存颜色时,可以选择对信息进行编码。因为有 $N!$ 个不同的方式对调色板进行排序,所以可以用来对一个短信息进行编码。但是这种隐藏信息的方式不具有鲁棒性,任何攻击者都可以改变调色板的排序方式来破坏秘密信息,而对图像没有丝毫损害。

还有一种针对调色板的信息隐藏方法是保持调色板的颜色不变,将数目扩大一倍,因此图像中的每一个颜色值对应两个调色板索引,根据秘密信息比特,选择两个相同颜色中的一个。接收端利用事先约定的规则,根据每个像素使用的是调色板的哪一个颜色索引来提取出秘密信息。

从上面的介绍可以看出,基于调色板的信息隐藏,其鲁棒性都较差,攻击者只要对调色板重新排序或者对图像的格式进行变换,就很有可能破坏秘密信息。

5.1.5　基于量化编码的隐藏信息

回忆一下预测编码中的量化方法。在预测编码中,每一个采样的大小是根据它的邻近采样的值进行预测的。最简单的情况是计算出邻近采样 x_i 和 x_{i-1} 的差值,把差值送入量化器,由量化器输出差分信号的一个离散近似值 $\Delta_i = Q(x_i - x_{i-1})$,在编码时,只需对 Δ_i 进行编码即可,这就是所谓的增量编码。

在增量编码里面,也可以进行信息的隐藏。基本思想是,利用差分信号(或调整差分信号)来传送额外信息。首先,事先建立一个伪装密钥的表,这个表为每一个可能的 Δ_i 值分配一个比特,例如表 5-1。

表 5-1　量化表编码隐藏信息表例

Δ_i	-4	-3	-2	-1	0	1	2	3	4
m_i	0	1	0	1	1	1	0	0	1

信息嵌入过程:为了在载体信号中保存第 i 个信息比特,计算出对应的差分信号 Δ_i,如果 Δ_i 与要编码的秘密信息比特(查表)相同,则差分信号不变;如果 Δ_i 与要编码的秘密信息比特不匹配,则将 Δ_i 由最接近的 Δ_i 替换,使得查表所对应的比特与秘密信息比特相同,最后将得到的 Δ_i 送入编码器进行增量编码。

信息提取过程:在接收端,接收者也拥有同样的伪装密钥表,它根据伪装对象的相邻数据的差分信号,对应密钥表,可以得到每一个差分值所对应的秘密信息比特。

同前面介绍的最低比特位隐藏方法一样,这种方法尽管很巧妙,但是仍然属于在噪声信号中隐藏信息,因此其稳健性不强。

5.1.6　在二值图像中隐藏信息

除了灰度图像以外,还有一类图像是二值图像,如数字化的传真数据、由黑白两色组成的徽标等。这类图像以黑白像素的分布方式包含冗余,变化少量的像素颜色,不会影响人眼对图像的认知。尽管可以类似于灰度图像,在某些像素的位置上设置比特位为 1 或者 0,但是这样隐藏的信息很容易受到传输错误的影响,其鲁棒性不强。(0 代表黑色,1 代表白色)

Zhao 和 Koch 提出了一个信息隐藏方案,它使用一个特定图像区域中黑色像素的个数来对秘密信息进行编码。其基本思想是,首先,把一个二值图像分成 $L(m)$ 个矩形图像区域 B_i,如果其中黑色像素的个数大于一半,则嵌入一个 0;如果白色像素的个数大于一半,则嵌入一个 1。当需要嵌入的比特与所选区域的黑白像素的比例不一致时(比如,需要嵌入 0,但是该区域的黑色像素个数少于一半),为了达到希望的像素关系,则需要修改一些像素的颜色。修改应该遵循一定的规则,而这些规则都应该以不引起感观察觉为目的。首先,修改应该是在那些邻近像素有相反的颜色的像素中进行的;另外,在具有鲜明对比性的二值图像中,应该对黑白像素的边缘进行修改。

在实现这一隐藏算法时,还应该注意一些具体的细节。首先,为了提高隐藏系统对传输错误和图像修改的鲁棒性,选择图像块时,应该考虑有一定的冗余度。如果由于传输的误差导致某些像素改变了颜色,使得原来大于 50% 的像素颜色降到 50% 以下,那么所提取出的隐藏信息正好相反,也就是发生了错误。因此,要避免这样的情况发生,保证系统具有一定的稳健性,需要选择有效的图像块。要确定两个阈值 $R_1 > 50\%$ 和 $R_0 < 50\%$,以及一个鲁棒性参数 λ,λ 是传输过程中可能被改变的像素百分比。发送者在嵌入过程中,应确保隐藏 0 时,该块的黑色像素的个数在修改后应属于 $[R_1, R_1 + \lambda]$ 的范围;要嵌入数据 1,该块的黑色像素的个数在修改后应属于 $[R_0 - \lambda, R_0]$ 的范围。但是,如果为了适应所嵌入的比特,目标块必须修改太多的像素,就把该块设为无效,再选择下一块进行嵌入。比如,当前块有 90% 的黑色像素,要隐藏比特 1,需要把将 40% 以上的黑色像素改为白色像素,对图像的影响太大,遇到这样的情况,就放弃这块,设为无效。但是,发送端设为无效的块,如何让接收端知道呢?发送端将无效块中的像素进行少量的修改,使得其中黑色像素的百分比大于 $R_1 + 3\lambda$,或者小于 $R_0 - 3\lambda$,用这样的方法标识无效块。

当接收端提取秘密信息时,首先判断每一个图像块黑白像素的百分比,如果大于 $R_1 + 3\lambda$,或者小于 $R_0 - 3\lambda$,则跳过这样的无效块。如果在 $[R_1, R_1 + \lambda]$ 或者 $[R_0 - \lambda, R_0]$ 的范围内,则正确提取出秘密信息。

这里 R_0、R_1 和 λ 需要根据实验给出经验值,对于不同类型的二值图像,有不同的选择。

另外,一种二值图像的信息隐藏是利用了传真图像使用的游程编码和哈夫曼编码技术。该技术是利用了这样一个事实:在二值图像中,连续像素具有同种颜色的概率很高。因此,对每一行,不再直接地对每一个位置具有什么像素进行编码,而是对颜色变化的位置和从该位置开始的连续同种颜色的个数进行编码。因此,对于图 5-3 中的例子,可以得到编码如下:$<a_0, 3><a_1, 5><a_2, 4><a_3, 2><a_4, 1>$。

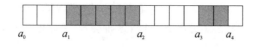

图 5-3　游程编码示意图

在这样的编码中如何隐藏信息呢?仍然考虑在最低比特位的隐藏。现在修改二值图像的游程长度,如果第 i 个秘密信息位 m_i 是 0,则令该游程长度为偶数;如果 m_i 是 1,则修改游程长度为奇数。例如,可通过下面的方式进行:如果 m_i 是 0,而对应的游程长度是奇数,则把长度个数加 1。另一方面,如果 $m_i = 1$ 并且长度是偶数,则把长度减 1。如果 m_i 的取值与长度个数的奇偶性相匹配,则不改变游程长度。在接收端,根据游程长度的奇偶性,就可以提取出秘密信息。

　　本节介绍了针对各种信息载体和各种可能应用的基于最低比特位替换的信息隐藏技术。可以看出,所有这些方法都是基于这样一个思想,就是把信息隐藏在载体的最不重要的部分,或者是载体的随机噪声部分,因为这些部分的改变不容易引起人的感观注意,因此达到了隐蔽传输信息的目的。但是,这类方法有一个比较严重的缺陷,就是在不破坏载体使用的情况下,载体的越不重要的信息越容易被去掉。如正常的有损压缩、信号滤波、载体的格式转换、叠加信道噪声等方法,都可以轻易地去除隐藏的秘密信息。因此,这类最低比特位替换方法,其稳健性不强。

　　为了克服这一类缺陷,人们又从另一个角度考虑,既然隐藏在载体的不重要部位容易被去除,那么能不能隐藏在载体的最重要部位,只要载体不被破坏到无法使用的程度,隐藏的信息都能保留。这样就引出了另一大类的信息隐藏技术——变换域隐藏技术。

5.2　变换域技术

　　变换域技术就是在载体的显著区域隐藏信息,它比 LSB 方法能够更好地抵抗攻击,而且还保持了对人类感观的不可察觉性。目前主要使用的变换域方法有:离散余弦变换(DCT)、离散小波变换(DWT)、离散傅里叶变换(DFT)等。

5.2.1　DCT 域的信息隐藏

　　二维 DCT 变换是目前使用的最著名的有损数字图像压缩系统——JPEG 系统的核心。因此,在 DCT 域中的信息隐藏,可以有效地抵抗 JPEG 有损压缩。DCT 变换首先需要把图像分为 8×8 的像素块,然后进行二维 DCT 变换,得到 8×8 的 DCT 系数,这些 DCT 系数从低频到高频按照 Zig-Zag 次序排列,第一个值(左上角)为直流系数,其余为交流系数。DCT 系数中,左上角部分为直流和低频系数,右下角部分为高频系数,中间区域为中频系数。低频代表图像像素之间慢变化,高频代表像素之间的快变化。因此,高频部分代表图像中的噪声部分,这些部分容易通过有损压缩或者滤波等处理被去掉。而中低频部分包含了图像的大部分能量,也可以说,对人的视觉最重要的信息部分,都集中在图像的中低频。一般图像的压缩和处理,为了保持图像的可视性,都保留了图像的中低频部分。而低频部分的改变有可能引起图像较大的变动,因此,为了将隐藏的信息与载体图像的视觉重要部分绑定,一般都将隐藏信息嵌入在载体的中频部分,达到既不引起视觉变化,又不会被轻易破坏的目的。

　　这里介绍三种基本隐藏方法,它们都是在图像 DCT 域的中频系数中隐藏信息。

　　在中频系数中,以一定的方式挑选一些隐藏位置(可以选择所有中频系数,也可以选择固定位置的中频系数,或者根据中频系数的大小排序,选择最大的几个系数)。在这些选定的中频系数中叠加秘密信息,方法如下:

$$x'(i,j) = x(i,j) + \alpha m_i$$

其中,$x(i,j)$ 为所选择的 DCT 系数,m_i 为第 i 个秘密消息比特(秘密消息表示为 1 和 -1),$x'(i,j)$ 为隐藏后的 DCT 系数,α 为可调参数,它控制隐藏信息的强度。提取秘密信息时,需要原始图像,与伪装图像一起,同时做 DCT 变换,然后相应 DCT 系数相减,除以 α 即可以得

到隐藏信息 m_i。这里参数 α 控制了隐藏信息的强度，α 越大，隐藏信息的能量越强，抵抗攻击的能力越大，但是对载体图像的影响越明显。因此，控制选择合适的 α 值，使得隐藏算法在稳健性和可察觉性之间得到一个平衡。

上述算法存在的一个问题是，α 选定后，秘密信息的嵌入，不管所选定的 DCT 系数的大小，加上的都是固定值，因此，对较大的 DCT 系数，嵌入的信息对它影响较小；而对较小的 DCT 系数，嵌入的信息对它的影响就较大。因此，对它的一个改进算法是，按照 DCT 系数的大小，成比例地嵌入秘密信息，使得嵌入信息对 DCT 系数的影响比较均匀。算法改为

$$x'(i,j)=x(i,j)(1+\alpha m_i)$$

信息的提取算法同样需要原始图像。

类似的算法当然可以应用到一维信号中。

以上介绍的两种在 DCT 域的信息隐藏方法，其缺点是都需要原始载体作为参考。但是在实际应用中，在某些应用场合可能无法得到原始载体。因此，上述算法有一定的局限性。

不需要原始载体的信息隐藏方法，主要是利用了载体中两个特定数的相对大小来代表隐藏的信息。仍旧以图像载体的 DCT 域为例，发送者将载体图像分成 8×8 的块，每一块只精确地对一个秘密信息位进行编码。嵌入过程开始时，首先伪随机地选择一个图像块 b_i，它经二维 DCT 变换后得到 B_i，用它对第 i 个消息比特 m_i 进行编码。发送者和接收者必须事先约定嵌入过程中使用的两个 DCT 系数的位置（为了达到隐藏的稳健性和不可察觉性，应该在 DCT 的中频系数中选取），比如用 (u_1,v_1) 和 (u_2,v_2) 代表所选定的两个系数的坐标。嵌入过程为：如果 $B_i(u_1,v_1)>B_i(u_2,v_2)$，就代表隐藏信息"1"；如果 $B_i(u_1,v_1)<B_i(u_2,v_2)$，就代表"0"。如果需要隐藏的信息位为"1"，但是 $B_i(u_1,v_1)<B_i(u_2,v_2)$，那么就把两个系数相互交换。最后发送者做二维逆 DCT 变换，将图像变回空间域，进行传输。

接收者收到图像后，同样进行二维 DCT 变换，并且比较每一块中所约定位置的 DCT 系数值，根据其相对大小，得到隐藏信息的比特串，从而恢复出秘密信息。

在这个算法中，如果所选定的两个位置上的 DCT 系数相差太大，相互交换后，可能对空间域的图像产生较大的视觉影响，因此，某些块中如果存在这样的问题，应该把它设为无效块，比如，利用前面介绍过的方法，当它们两个系数之间的差值大于某一个阈值时，置为无效，接收端可以依此判断块的有效和无效。

还有一种类似的方法，是利用 DCT 中频系数中的三个系数之间的相对关系来对秘密信息进行编码。比如，在第 i 个块中对比特"1"进行编码，令 $B_i(u_1,v_1)>B_i(u_3,v_3)+D$ 和 $B_i(u_2,v_2)>B_i(u_3,v_3)+D$；如果对"0"进行编码，令 $B_i(u_1,v_1)<B_i(u_3,v_3)-D$ 和 $B_i(u_2,v_2)<B_i(u_3,v_3)-D$。如果块中数据与待编码比特不吻合，则修改这三个系数值，使得它们满足上述关系。其中参数 D 的选择要考虑隐藏的鲁棒性和不可察觉性之间的平衡，D 越大，隐藏算法对于图像处理就越健壮，但是对图像的改动就越大，越容易引起察觉。

如果在对一个秘密信息比特编码时，对 DCT 系数所做的修改太大，那么就将这块标识为"无效"，不用来隐藏信息。标识"无效"，可对这三个系数进行小量的修改使得它们满足下面条件之一：

$$B_i(u_1,v_1)\leqslant B_i(u_3,v_3)\leqslant B_i(u_2,v_2)$$

或者

$$B_i(u_2,v_2)\leqslant B_i(u_3,v_3)\leqslant B_i(u_1,v_1)$$

接收时,同样是先对图像进行 DCT 变换,比较每一块的相应的三个位置的系数,从它们之间的关系,可以判断隐藏的是信息"1""0"还是"无效"块,这样就可以恢复秘密信息。

5.2.2　小波变换域的信息隐藏

这里先来看一下一幅 512×512 的 Lena 图像,经过一级小波分解后得到的四个部分,左上为低频近似部分,右上为水平方向细节部分,左下为垂直方向细节部分,右下为对角线方向细节部分。可以看出,图像的主要能量集中在低频部分。为了分析方便,还可以对图像的近似部分再进行下一级小波分解,如图 5-4 所示。

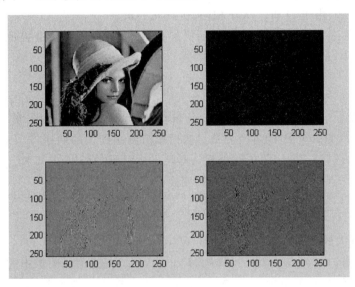

图 5-4　小波分解示意图

前面介绍过的 DCT 域隐藏方法,都可以应用到小波变换域中,只是其中的 DCT 系数变为小波变换系数而已。这里不再重复介绍类似的方法。

这里主要介绍一种利用小波变换系数与空间信号相似性的特点而设计的隐藏算法。考虑将一幅图像作为秘密信息,隐藏到另一幅图像中去。如果采用前面介绍的方法,要把一幅图像按比特藏入的话,数据量显然太大,无法实现正常的隐藏。

1. 隐藏算法

用 O 代表要保护的秘密图像(简称为密图),用 P' 代表事先选定的可公开的图像(简称明图),并假定 O 和 P' 为大小相同的图像。隐藏算法分为四步:初始化、小波变换、矢量量化、加密隐藏。

(1)初始化

首先,将明图 P' 的每个像素的最后 r 比特置为1。初始化后的明图记为 P。

(2)小波变换

分别对 O 及 P 进行小波变换。图像的每一级二维小波变换的结果有四个:近似图像、垂直方向细节图像、水平方向细节图像和对角线方向细节图像,而且每一部分图像的行列数减少一半。图像的小波变换将图像分解成为不同尺度空间上,不同频率分辨率上的一系列子图像,而原图像的大部分能量主要包含在近似子图像中。为了集中说明图像的隐藏问题,这里只考虑保留图像的近似子图像,忽略其细节分量。如果将细节分量考虑进去,应用类似的算法,可以得到更好的图像效果。这里主要为了说明隐藏算法,所以只取图像的近似成分为例进行算法说明。因此,在分别对 O 及 P 进行一级二维离散小波变换后,仅对它们的近似子图像 A_O 及 A_P 进行处理,这样也大大减少了所需处理的数据量。

(3) 矢量量化

① 矢量划分:把 A_O 及 A_P 划分成矢量集 $\{O_1, O_2, \cdots, O_{n_O}\}$ 及 $\{P_1, P_2, \cdots, P_{n_P}\}$,划分时均用同一块尺寸,且块尺寸满足 $w=h$(w 为块宽度,h 为块长度,单位均为像素)。两个矢量集内的每个矢量的维数均为 $d=w \times h$,令 n_O 为密图近似图像对应的矢量数;n_P 为明图近似图像对应的矢量数,由于 O 和 P 大小相同,所以 $n_O=n_P$。

② 投影排序:生成两个 d 维空间的随机矢量 $\boldsymbol{G}$ 和 $\boldsymbol{Q}$,分别称为变换原点和投影方向。利用下式计算 $\{P_1, P_2, \cdots, P_{n_P}\}$ 的一维投影值:

$$W(P_i) = \sum_{j=1}^{d} |p_{ij} - g_j| \times q_j$$

其中,$g_j(j=1,2,\cdots,d)$ 为矢量 $\boldsymbol{G}$ 的各个分量,$q_j(j=1,2,\cdots,d)$ 为矢量 $\boldsymbol{Q}$ 的各个分量,$p_{ij}(j=1,2,\cdots,d)$ 为矢量 $\boldsymbol{P}_i$ 的各个分量。按投影值由小到大的顺序将 $\{P_1, P_2, \cdots, P_{n_P}\}$ 重新排序得到 $\{P_1', P_2', \cdots, P_{n_P}'\}$,即在 $\{P_1', P_2', \cdots, P_{n_P}'\}$ 中 $W(P_i') \leqslant W(P_{i+1}')$。

对 $\{O_1, O_2, \cdots, O_{n_O}\}$ 则用下式进行投影变换:

$$W(O_i) = \sum_{j=1}^{d} |o_{ij}|$$

按投影值由小到大的顺序重新排序后得到 $\{O_1', O_2', \cdots, O_{n_O}'\}$。

③ 编码:由于 $\{O_1, O_2, \cdots, O_{n_O}\}$ 和 $\{P_1, P_2, \ldots, P_{n_P}\}$ 是近似子图像中的矢量,对应的 $W(O_i)$ 及 $W(P_i)$ 反映了在当前尺度空间上的近似子图像中的能量大小。因此,可以将 $\{P_1', P_2', \cdots, P_{n_P}'\}$ 视为码本,直接与 $\{O_1', O_2', \cdots, O_{n_O}'\}$ 一一对应,即认为图像 P 在尺度空间上的能量分布近似代表了图像 O 在相应的尺度空间的能量分布。记下相应的 $\{O_1, O_2, \cdots, O_{n_O}\}$ 与 $\{P_1, P_2, \cdots, P_{n_P}\}$ 的对应关系 $\{I_1, I_2, \cdots, I_{n_O}\}$,这就是所需的编码结果。

(4) 加密及隐藏

信息提取过程需要的参数为 $\{I_1, I_2, \cdots, I_{n_O}\}$,二维小波变换的级数,所取的近似图像 A_P 及 A_O 的大小,矢量划分的方法 (w,h),矢量的个数 (n_O, n_P),原点和投影方向矢量($\boldsymbol{G}$ 和 $\boldsymbol{Q}$)。为了保证安全,可以对这些参数先进行加密,再隐藏。

隐藏时,将以上数据都看作一比特流,从该比特流中依次取出 r 位与 P 中像素的后 r 位作位与运算,得到最终的 P^c。由于 P 的每个像素的 r 位为 1,因此,逐位与之后,P 的每个像素的后 r 位就是所隐藏的数据。由于仅仅改动了每个像素的 r 位(取 $r=2$ 已足够),因此,隐藏了加密数据的 P^c 与 P 几乎没有什么区别,可仅传送 P^c 给合法的接收者,达到了迷惑潜在的拦截者,保护密图的目的。

2. 提取算法

提取算法与隐藏算法基本上是对称的。提取算法可分为参数提取,逆初始化,解密参数,矢量重建和图像重建等过程。

(1) 参数提取:从接收到的 P^c 中对每个像素逐位与 r 个 1,提取出隐藏的一系列参数。

(2) 逆初始化:将 P^c 的每个像素的 r 位设置为 1 得到 P。

（3）解密参数：用相应的解密算法恢复隐藏的参数。

（4）矢量重建和图像重建：对 P 进行一级二维小波变换，得到其近似图像 A_P，根据 w 和 h 将其划分为含 n_P 个 d 维矢量的矢量集 $\{P_1, P_2, \cdots, P_{n_P}\}$。由 $\{P_1, P_2, \cdots, P_{n_P}\}$ 和 $\{I_1, I_2, \cdots, I_{n_O}\}$ 即可得到密图 O 的小波近似图像 A_O 的重建图像 A_O'，最后对 A_O' 进行逆小波变换即可重建具有原来密图 O 大小的恢复密图 O'。

此算法利用了小波变换的特点和矢量量化的思想，其关键点在于选择合适的原点和投影矢量，使得藏有信息的明图和提取后的密图的失真最小。

本 章 习 题

1. 选择两幅灰度图像（灰度为 8 比特编码），分别作为原始载体，采用 LSB 方法，选择一个二进制黑白图像为秘密信息，将二进制黑白图像隐藏到原始载体中，并分析实验结果。

2. 根据 5.1.6 小节介绍的二值图像信息隐藏方法，自己选择一个二值图像，找出可行参数的估计值。注意考虑隐藏的容量，对原图像的改变大小以及抵抗破坏的能力。

3. 分析 5.2.1 小节介绍的 DCT 域的三种隐藏算法，比较它们的隐藏容量、对图像的影响大小以及抵抗破坏的能力。

4. 彩色图像如何转化为灰度图像？如果在彩色图像中隐藏秘密信息，应该使用 RGB 三原色中的哪种颜色隐藏秘密信息的透明性最好？

第 6 章

数字水印与版权保护

本书的第一部分介绍了信息隐藏与伪装通信。信息隐藏技术是利用了在数字媒体中的一些冗余空间来传递秘密信息,达到掩盖秘密信息传递的事实,起到伪装式通信的目的。第一部分介绍的信息隐藏,主要应用领域是安全保密通信,以及不希望被其他人注意的个人隐私信息的传递。然而信息隐藏还有另一个很大的应用领域——数字水印技术。

数字水印是信息隐藏的一个最重要的分支,也是目前学术界研究的一个前沿热门方向。它可为各种数字多媒体产品提供一种可行的版权保护措施。

6.1 数字水印提出的背景

说起水印,最容易想到的是纸币中的水印,它可以起到防止伪造的作用。最早的水印就是在纸张中的水印。最古老的带水印的纸张出现在大约 700 年以前,这种纸起源于意大利 Fabriano 的一个城镇,该城镇当时约有 40 家造纸厂,生产具有不同式样、质量和价格的纸。造纸厂之间的竞争很激烈,为了能够跟踪纸张的来源以及对纸张的式样和质量进行鉴定,当时发明并使用了水印技术。纸张的水印可以表明纸张的生产厂商和商标,也可以用于对纸张的式样、质量和强度的标识,还可以用于作为确定纸张的生产日期和鉴别的依据。在现代,纸张的水印被广泛用于货币、各种银行和证券的票据以及各种需要标识的纸张中,起到防伪、标识的作用。

数字水印与纸张中水印有明显的相似性,为了在数字产品中使用一种可以起到防伪和标识作用的技术,提出了数字水印的概念。

随着计算机通信技术和互联网的迅速发展,数字多媒体的传播越来越方便快捷。迅速兴起的 Internet 以电子印刷出版、电子广告、数字仓库和数字图书馆、网络视频和音频、电子商务等新的服务和运作方式为商业、科研、娱乐等带来了许多机会。然而,这也使盗版者能以低廉的成本复制及传播未经授权的数字产品内容,出于对利益的考虑,数字产品的版权所有者迫切需要有办法解决知识产权保护的问题。

一种解决方案是,依靠密码学技术对数字产品进行加密,只有合法用户(或付费用户)才拥有密钥,这样可以保证数字产品内容的安全传送,并且可以作为存取控制和征收费用的手段。但是,这一方案存在的一个重要问题就是,所加密的数字内容在解密之后,就没有有效的手段来保证其不被非法复制、再次传播和盗用。此外,数字形式的多媒体产品由于可以方便地完全复制并在网络环境下广泛散发,大范围的侵权复制行为受到了音像、出版、影视和软件等行业的高度关注。为了防止这种情况的发生,人们提出了数字水印的概念。

　　数字水印类似于信息隐藏,它也是在数字多媒体载体中隐藏一些信息,隐藏的信息包括数字作品的版权所有者、发行者、购买者、日期、序列号等需要注明的信息,但目的不是为了秘密传递这些信息,而是在检查盗版行为时,可以从数字载体中提取出有关信息,用以证明数字产品的版权,指证盗版行为。数字水印是目前学术界研究的一个前沿热门方向,可为版权保护等问题提供一个潜在的有效解决方案。从本质上讲,数字水印与信息隐藏是一样的,它们都是将信息嵌入到数字载体中,但是两者所要求的特性有所不同。信息隐藏要求能够精确恢复隐藏的信息,因为它传递的就是这些秘密信息;而数字水印则有所区别,在大多数情况下,只需要证明载体中存在某一个数字水印即可,它可以用一些如相关性度量等方法实现,不需要精确地恢复隐藏的数字水印。另外,数字水印要求更高的稳健性,因为盗版者要想方设法擦除作品中的原始版权信息,因此数字水印算法要能够抵抗各种可能的攻击。

6.2　数字水印的定义

　　可以给数字水印下如下定义:数字水印是永久镶嵌在其他数据(宿主数据)中具有可鉴别性的数字信号或模式,并且不影响宿主数据的可用性。不同的应用对数字水印的要求是不尽相同的,一般认为数字水印应具有如下特点。

1. 安全性

　　在宿主数据中隐藏的数字水印应该是安全的,难以被发现、擦除、篡改或伪造,同时,要有较低的虚警率。

2. 可证明性

　　数字水印应能为宿主数据的产品归属问题提供完全和可靠的证据。数字水印可以是已注册的用户号码、产品标志或有意义的文字等,它们被嵌入到宿主数据中,需要时可以将其提取出来,判断数据是否受到保护,并能够监视被保护数据的传播以及非法复制,进行真伪鉴别等。一个好的水印算法应该能够提供完全没有争议的版权证明。

3. 不可感知性

　　在宿主数据中隐藏的数字水印是不能被感知的。不可感知包含两方面的含义:一是指感观上的不可感知;二是指统计上的不可感知。感观上的不可感知是指,通过人的视觉、听觉无法察觉出宿主数据中由于嵌入数字水印而引起的变化,也就是从人类的感观角度看,嵌入水印的数据与原始数据完全一样。统计上的不可感知性是指,对大量的用同样方法经水印处理过的数据产品,即使采用统计方法也无法确定水印是否存在。

4. 稳健性

　　数字水印应该难以被擦除。在不能得到水印的全部信息(如水印数据、嵌入位置、嵌入算法、嵌入密钥等)的情况下,只知道部分信息,应该无法完全擦除水印,任何试图完全破坏水印的努力将对载体的质量产生严重破坏,使得载体数据无法使用。一个好的水印算法应该对信号处理、通常的几何变形以及恶意攻击具有稳健性。

　　衡量一个水印算法的稳健性,通常使用这样一些处理:

　　(1) 数据压缩处理。图像、声音、视频等信号的压缩算法是去掉这些信号中的冗余信息。通常,水印的不可感知性就是采用将水印信息嵌入在载体对感知不敏感的部位,而这些不敏感的部位经常是被压缩算法所去掉的部分。因此,一个好的水印算法应该考虑将水印嵌入在载体的最重要部分,使得任何压缩处理都无法去除水印。当然这样可能会降低载体的质量,但是只要适当选取嵌入水印的强度,就可以使得水印对载体质量的影响尽可能小,以至于不引起察觉。

(2)滤波、平滑处理。水印应该具有低通特性,低通滤波和平滑处理应该无法删除水印。

(3)量化与增强。水印应该能够抵抗对载体信号的 A/D 转换、D/A 转换、重采样等处理,还有一些常规的图像操作,如图像在不同灰度级上的量化、亮度与对比度的变化、图像增强等,都不应该对水印产生严重的影响。

(4)几何失真。目前的大部分水印算法对几何失真处理都非常脆弱,水印容易被擦除。几何失真包括图像尺寸大小变化、图像旋转、裁剪、删除或添加等。

数字水印算法通常包含两个基本方面:水印的加载(或嵌入)过程和水印的检测(或提取)过程。数字水印的加载和检测过程如图 6-1 所示。有些特殊的算法可能有特殊的要求。

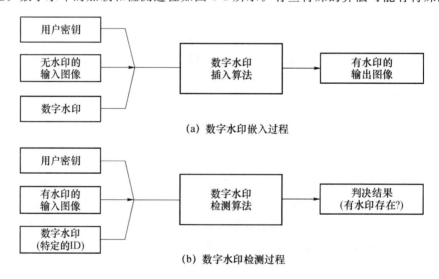

图 6-1 数字水印的加载和检测过程

数字水印方案包括三个要素:水印本身的结构,水印的加载过程,水印的检测过程。

数字水印本身可分为两种:一种包含了版权所有者、合法使用者、日期等具体信息;另一种采用伪随机序列作为水印,检测时只需判断水印是否存在。从稳健性和安全性考虑,常常需要对水印进行随机化以及加密处理。采用哪一种水印结构,通常取决于水印的实现方法和应用场合。

数字水印加载和检测的一般模型如下。设为 I 数字图像,W 为水印信号,K 为密钥,则处理后的水印 $\widetilde{W}$ 由函数 F 定义如下:

$$\widetilde{W} = F(I, W, K)$$

如果水印所有者不希望水印被其他人知道,那么函数 F 应该是不可逆的,如经典的 DES 加密算法等。这是将水印技术与加密算法结合起来的一个通用方法,目的是提高水印的可靠性、安全性和通用性。

在水印的嵌入过程中，设有编码函数 E，原始图像 I 和水印 $\widetilde{W}$，则水印图像 I_w 可表示如下：

$$I_w = E(I, \widetilde{W})$$

水印检测（或提取）是水印算法中最重要的步骤。若将这一过程定义为解码函数 D，那么输出的可以是一个判定水印存在与否的 0-1 判决，也可以是包含各种信息的数据流，如文本、图像等。如果已知原始图像 I 和有版权疑问的图像 $\hat{I}_w$，则有

$$W^* = D(\hat{I}_w, I, K)$$

或

$$C(W, W^*, K, \delta) = \begin{cases} 1, & W \text{ 存在} \\ 0, & W \text{ 不存在} \end{cases}$$

其中，W^* 为提取出的水印，K 为密钥，函数 C 为相关检测，δ 为判决阈值。这种形式的检测函数是创建有效水印框架的一种最简便方法，如假设检验或水印相似性检验。

对于假设检验的理论框架，可能的错误有如下两类。

第一类错误：实际不存在水印但却检测到水印，该类错误用虚警率（误识率）P_{fa} 衡量。

第二类错误：实际有水印但是却没有检测出水印，用漏检率 P_{rej} 表示。

总错误率为 $P_{err} = P_{fa} + P_{rej}$，且当 P_{rej} 变小时检测性能变好。但是检测的可靠性只与虚警率 P_{fa} 有关。注意到两类错误实际上存在竞争行为。

6.3　数字水印的分类

目前对数字水印的研究已经发表了很多的参考文献，它们分别从各个角度研究各种水印算法及其优缺点。本章将讨论数字水印从不同角度的分类，给读者一个整体的概念。以下分别从水印的载体、外观、加载方法和检测方法等几个方面讨论数字水印的分类。

6.3.1　从水印的载体上分类

加载数字水印的数字产品，可以是任何一种多媒体类型。根据载体类型的不同，可以把数字水印分为以下几种。

1. 图像水印

这是目前讨论最多的一种水印，大多数的参考文献都是讨论图像水印。数字图像是在网络上广泛传播的一种多媒体数据，也是经常引起版权纠纷的一类载体。图像水印主要利用图像中的冗余信息和人的视觉特点来加载水印。当然，有些图像水印算法还可以适用于其他载体，这取决于水印算法所采用的技术。

2. 视频水印

为了保护视频产品和节目制作者的合法利益，可以采用视频水印技术。视频水印可以从两个角度来研究。一方面视频数据可以看成由许多帧静止图像组成，因此适用于图像的水印算法也可以用于视频水印。另一方面可以直接从视频数据入手，找出视频数据中对人

眼视觉不敏感的部位进行水印嵌入。通常,后一种方法是比较有效,因为视频的数据量非常大,通常采用压缩编码技术,因此在每一帧静止图像中隐藏的水印信息将大部分被压缩掉了。Hartung 等人提出了参考 MPEG 编码方式的水印算法,其基本思想是对水印的每一个 8×8 块做 DCT 变换,然后将水印的 DCT 系数叠加到相应 MPEG 视频流的 DCT 系数上。

3. 音频水印

加载在声音媒体上的水印可以保护声音数字产品,如 CD、广播电台的节目内容等。音频水印主要利用音频文件的冗余信息和人类听觉系统的特点来加载水印。本书介绍了时间域水印、变换域水印和压缩域水印等多种音频水印算法。

4. 软件水印

软件水印是近年来提出并开始研究的一种水印,它是镶嵌在软件中的一些模块或数据,通过这些模块或数据,可以证明该软件的版权所有者和合法使用者等信息。软件这种载体与前面几种载体有着明显的不同,图像、视频和音频信号,它们所包含的全部信息都在原始信息载体上,而软件这种载体表达的信息非常复杂,而且软件在不同操作系统、不同编程语言实现的情况下,表现也不相同。因此软件水印的研究不同于前面几种载体的水印研究。

根据水印的生成时机和存放的位置,软件水印可以分为静态水印和动态水印两类。静态水印不依赖于软件的运行状态,可以在软件编制时或编制完成后被直接加入。动态水印依赖于软件的运行状态,通常是在一类特殊的输入下才会产生,水印的验证也是在特定的时机下才能完成。

5. 文档水印

文档水印利用文档所独有的特点,水印信息通过轻微调整文档中的行间距、字间距、文字特性(如字体)等结构来完成编码。文档水印所用的算法一般仅适用于文档图像类。

6.3.2 从外观上分类

水印从外观上可分为两大类:可见水印和不可见水印。更准确地说应是可察觉水印和不可察觉水印,这是对图像而言。本节采用上述提法来概括所有媒体上的水印。

1. 可见水印

最常见的例子是有线电视频道上所特有的半透明标识,其主要目的在于明确标识版权,防止非法的使用,虽然降低了资料的商业价值,但是无损于所有者的使用。

2. 不可见水印

不可见水印是将水印隐藏,视觉上不可见(严格说应是无法察觉),目的是将来起诉非法使用者,作为起诉的证据。不可见水印往往用在商用高质量图像上,而且往往配合数据解密技术一同使用。

6.3.3 从水印的加载方法上分类

数字水印算法的性能(如安全性、不可感知性、可证明性和稳健性等)在相当程度上取决于所采用的水印加载方法。根据水印加载方法的不同,可以分为两大类:空间域水印和变换域水印。

1. 空间域水印

较早的水印算法一般都是空间域的,水印直接加载在载体数据上,比如最低有效位方法、拼凑（Patchwork）方法和文档结构微调方法等。

（1）最低有效位方法

Trikel 等人在他们 1993 年的文章中已经意识到了数字水印的重要性，并且提出了可能的应用，包括图像标记、版权保护、防止伪造及图像的控制存取等。他们针对灰度图像提出了两种基于 LSB 的水印方法。该方法是利用原数据的最低几位来隐藏信息（具体取多少位，以人的听觉或视觉系统无法察觉为原则）。Trikel 等人的第一种方法中的水印是基于 m 序列的 PN 码，水印直接从 LSB 平面上提取。第二种方法中的水印仍是基于 m 序列的编码，通过经过优化的 m 序列的自相关函数提取水印。

LSB 方法的优点是，计算速度比较快，而且很多算法在提取水印和验证水印的存在时不需要原始图像，但可嵌入的水印容量也受到了限制，采用此方法实现的水印是比较脆弱的，无法经受一些无损和有损的信息处理，抵抗图像的几何变形、噪声影响的能力较差，而且，如果确切地知道水印隐藏在哪几个比特位中，则水印也很容易被擦除或绕过。

（2）拼凑方法

Bender 等人提出的拼凑方法的思想是，在图像中随机选择 N 对像素点(a_i, b_i)，然后将每个 a_i 点的亮度值加 1，每个 b_i 点的亮度值减 1，这样整个图像的平均亮度保持不变。适当地调整参数，该方法对 JPEG 压缩、FIR 滤波以及图像裁剪有一定的抵抗能力。但该方法嵌入的信息量有限。Pitas 等人提出一种对数字图像进行签名的方法，该方法的思想基于 Bender 等人提出的拼凑方法。

（3）文档结构微调方法

Brassil 等人首先提出了三种在通用文档图像（PostScript）中隐藏特定二进制信息的技术，水印信息通过轻微调整文档中的行间距、字间距、文字特性等来完成编码。基于此方法的水印可以抵抗一些文档操作（如照相复制和扫描复制），但也很容易被破坏，而且仅适用于文档类数据。

2. 变换域水印

基于变换域的技术可以嵌入水印数据而不会引起感观上的察觉，这类技术一般基于常用的变换，如 DCT 变换、小波变换、傅里叶变换，Fourier-Mellin 变换或其他变换。从目前的情况看，变换域方法正日益普遍。因为变换域方法通常都具有很好的稳健性，对数据压缩、常用的滤波处理以及噪声等均有一定的抵抗能力。并且一些水印算法还结合了当前的图像和视频压缩标准（如 JPEG、MPEG 等），因而有很大的实际意义。在设计一个好的水印算法时，往往还需要考虑图像的局部统计特性和人的视觉特性以及人的听觉特性，以提高水印的稳健性和不可见性。

最早的基于分块 DCT 水印技术之一见 Koch 等人的文章。针对当前通行的静止图像和视频压缩标准（如 JPEG 和 MPEG），他们的水印方案中图像也被分成 8×8 的块，由一个密钥随机地选择图像的一些分块，在频域的中频上稍稍改变一个三元组以隐藏二进序列信息。选择在中频分量编码是因为在高频编码易于被各种信号处理方法所破坏，而在低频编码则由于人的视觉对低频分量很敏感，对低频分量的改变易于被察觉。未经授权的人是很难检测出水印的，因为他无法得知哪一块嵌有水印。此外，该水印算法对有损压缩和低通滤波是稳健的。

Cox 等人提出了基于图像全局变换的水印方法，称为扩频法。先计算图像的离散余弦变换（DCT），然后将水印叠加到 DCT 域中幅值最大的前 k 个系数上（不包括直流分量），通常为图像的低频分量,选择这些分量是因为它们对视觉效果影响很大,水印隐藏在其中反而不易被擦除。若 DCT 系数的前 k 个最大分量表示为 $D=\{d_i\},i=1,\cdots,k$,水印是服从高斯分布的随机实数序列 $W=\{w_i\},i=1,\cdots,k$,那么水印的嵌入算法为 $\tilde{d}_i=d_i(1+aw_i)$,其中常数 a 为尺度因子,控制水印添加的强度即改变 DCT 系数的程度大小,水印强度正比于相应的频率分量的信号强度。然后用新的系数作逆变换得到水印图像 $\tilde{I}$。解码函数则分别计算原始图像 I 和水印图像 $\tilde{I}$ 的离散余弦变换,并提取嵌入的水印 W^*,再做相关检测以确定水印的存在与否。他们的重要贡献是明确提出加载在图像的视觉敏感部分的数字水印才能有较强的稳健性。该算法不仅在视觉上具有水印的不可察觉性,而且水印的稳健性非常好,可经受有损的 JPEG 压缩、滤波、D/A 和 A/D 转换及量化等信号处理,也可经受一般的几何变换如剪切、缩放、平移及旋转等操作,对照相复印和打印扫描等处理也具有较强的稳健性。

除了上述有代表性的变换域算法外,还有一些变换域水印方法,它们中有相当一部分都是上述算法的改进及发展,这其中有代表性的算法是 Podilchuk 等提出的算法。他们的方法是基于静止图像的 DCT 变换或小波变换,视觉模型模块的输出返回水印应加载在何处及每处可承受的恰好可察觉的上限,即加载水印的强度上限,因此他们的水印算法是自适应的。自然,他们的水印算法在图像的视觉不可察觉性和稳健性等方面要好于 Cox 等人提出的算法。

C. T. Hsu 等人在中提出了一种基于分块 DCT 的水印,他们选用的水印不是一个随机数,而是可辨识的图像。他们通过有选择地修改图像的中频部分来嵌入水印。验证时,衡量提取出的水印同原水印之间的相似性来判断是否加入了水印。实验结果表明该方法对图像处理、图像剪切及 JPEG 有损压缩等是稳健的。

C. S. Lu 等人提出了一种新颖的图像保护方案,他们称之为"Cocktail Watermarking"。在他们的方法中,两个作用互补的水印同时嵌入了宿主图像。该方法的特点是无论有水印的图像遭到何种攻击,至少有一个水印不会被破坏。两个水印是正态分布的序列,而且采用了基于小波变换的人类视觉系统模型以充分利用可容许的水印容量。在检测时,先将原图像从给定图像中减去,然后计算差值图像和水印信号的相关性,如果相关值高于给定阈值,则认为给定图像中有水印。他们给出的许多实验结果表明该方法能抵抗许多种攻击,在抵抗各种不同攻击方面效果十分显著。

总的来说,与空间域水印方法比较,变换域水印方法具有如下优点:(1)在变换域中嵌入的水印信号能量可以散布到空间域的所有位置上,有利于保证水印的不可察觉性;(2)在变换域,人类视觉系统和听觉系统的某些特性(如频率掩蔽效应)可以更方便地结合到水印编码过程中;(3)变换域的方法可与数据压缩标准相兼容,从而实现在压缩域内的水印算法,同时,也能抵抗相应的有损压缩。

6.3.4 从水印的检测方法上分类

1. 私有水印(非盲水印)和公开水印(盲水印)

在检测水印时,如果需要参考未加水印的原始载体(图像、声音等),则这类水印方案被 Cox 等人称为私有水印方案(或者称为非盲水印方案)。反之,如果检测中无须参考原始载体,则这类水印方案被称为公开水印方案(或者称为盲水印方案)。

2. 私钥水印和公钥水印

类似于密码学中的私钥密码和公钥密码,水印算法中也可根据所采用的用户密钥的不同,分为私钥水印和公钥水印方案。

私钥水印方案在加载水印和检测水印过程中采用同一密钥,因此,只有水印嵌入者才能够检测水印,证明版权。而公钥水印则在水印的加载和检测过程中采用不同的密钥,由所有者用一个仅有其本人知道的密钥加载水印,加载了水印的载体可由任何知道公开密钥的人来进行检测。也就是说,任何人都可以进行水印的提取或检测,但只有所有者可以插入或加载水印。

6.4　数字水印的性能评价

不论是本书第一部分介绍的信息隐藏,还是这一部分介绍的数字水印,它们都有一个共同的评价指标,即透明性。透明性,也称不可感知性、不可见性或保真性等,被用于标评价数字水印算法对载体感观质量的影响。一般要求算法不显著影响载体的视听觉效果。即要求嵌入信息后,宿主数据的感观质量没有明显下降。算法通常利用人类的感知系统的冗余来达到"透明"嵌入的效果。本节以图像水印算法为评估对象,来介绍透明性这一性能评价指标。

感知心理学的研究成果显示,人类视觉系统(Human Visual System,HVS)存在冗余。图像等载体属性发生变化时,人类并不能立刻察觉。当且仅当达到一定程度时,客观变化才能被主观识别。也就是说,一定范围内的客观变化不能被主观感知,HVS 的这一特性被称为 HVS 的冗余。图像等数字水印和隐写算法正是利用了 HVS 的这一特点设计的。

根据以上介绍可知,算法是否引入可感知的变化,关键在于算法对载体的修改是否超出了 HVS 的冗余空间。一般来说,当算法其他参数不变时,算法在图像中嵌入的信息量越大,对宿主数据的修改也就越大,水印图像的视觉效果也就越差。也就是说,图像视觉质量的下降程度与算法在其中嵌入的数据量成正比关系,算法嵌入的数据量大,图像视觉质量下降程度就大,嵌入的数据量越小,图像视觉质量下降程度就越小。为了获取更好的透明性,算法可以牺牲其他性能指标。例如,嵌入更少的信息或抵抗更少的攻击。

会影响图像视觉效果的因素,不仅包括算法参数,还包括算法本身。根据不同策略设计的算法,引起的图像视觉失真各不相同。因此,对水印算法性能的完整评价,不仅包括稳健性,还包括透明性等其他指标。

水印算法的透明性评价方法通常分为主观和客观评价两类。

主观评价,顾名思义,就是由人来评价算法引入的图像质量的下级。有多种主观评价方法,最常用的方法称为平均意见分(Mean Opinion Score,MOS)。MOS 评价过程为:组织人员参与评测,提供图像质量评分等级及其对应的描述,要求参评者独立地观测图像并根据描述给出评分,平均所有参评者打分所得即为图像的 MOS 分。表 6-1 种给出了 ITU-R Rec. 500 质量等级标准,它用五个级别来给出图像载体在嵌入水印后质量的等级。主观评价直接反映了人对图像质量的感受,准确性是其优点,适用评估成熟、稳定的水印算法。主观评价方法的主要缺点是:结果具有主观性,各次主观评价的差异可能较大。以 MOS 为例,研究结果表明,经验不同的个体,如专业的摄影师、研究人员以及一般人,对一组相同的图像给出的 MOS 分有较大差异,甚至同一个体疲劳程度等条件变化时,给出的 MOS 分也不同。主观评价方法还有一个重要不足:为了降低评价结果的随机性,提高可信度,评价时需要大量的参评人员参与评价,单次评价过程开销大。综合以上特点,算法设计阶段,不适合选用主观评价方法。

表 6-1　ITU-R Rec. 500 从 1 到 5 范围的质量等级级别

等级级别	损　　害	质　　量
5	不可察觉	优
4	可察觉,不让人厌烦	良
3	轻微地让人厌烦	中
2	让人厌烦	差
1	非常让人厌烦	极差

另一种评价方法是客观评价,通常以图像某类属性的"误差"度量原图和水印图的差异,以此作为图像质量的评价。客观评价方法不受主观因素干扰,可重复性强。此外客观评价过程简单,只需要计算原图和水印图的"失真",不需要额外组织人员参与,因此非常适合用于辅助设计和优化水印算法。表 6-2 列出了一些常用的图像客观评价指标,如差分失真度量、相关性失真度量等,表中给出的公式适合于图像的失真度量,也可以推广到其他类型的数据中,如一维信号。

表 6-2　常用的基于像素的视觉失真度量

差分失真度量	
平均绝对差分	$\mathrm{AD} = \dfrac{1}{XY} \sum\limits_{x,y} \mid p_{x,y} - \widetilde{p}_{x,y} \mid$
均方误差	$\mathrm{MSE} = \dfrac{1}{XY} \sum\limits_{x,y} (p_{x,y} - \widetilde{p}_{x,y})^2$
L^p—范数	$L^p = \left(\dfrac{1}{XY} \sum\limits_{x,y} \mid p_{x,y} - \widetilde{p}_{x,y} \mid^p \right)^{1/p}$
拉普拉斯均方误差	$\mathrm{LMSE} = \sum\limits_{x,y} (\nabla^2 p_{x,y} - \nabla^2 \widetilde{p}_{x,y})^2 / \sum\limits_{x,y} (\nabla^2 p_{x,y})^2$
信噪比	$\mathrm{SNR} = \sum\limits_{x,y} p_{x,y}^2 / \sum\limits_{x,y} (p_{x,y} - \widetilde{p}_{x,y})^2$
峰值信噪比	$\mathrm{PSNR} = XY \max\limits_{x,y} p_{x,y}^2 / \sum\limits_{x,y} (p_{x,y} - \widetilde{p}_{x,y})^2$
相关失真度量	
归一化互相关	$\mathrm{NC} = \sum\limits_{x,y} p_{x,y} \widetilde{p}_{x,y} / \sum\limits_{x,y} p_{x,y}^2$
相关质量	$\mathrm{CQ} = \sum\limits_{x,y} p_{x,y} \widetilde{p}_{x,y} / \sum\limits_{x,y} p_{x,y}$
其他	
全局西格马信噪比	$\mathrm{GSSNR} = \sum\limits_{b} \sigma_b^2 / \sum\limits_{b} (\sigma_b - \widetilde{\sigma}_b)^2$ 其中,$\sigma_b = \sqrt{\dfrac{1}{n} \sum\limits_{\text{块}b} p_{x,y}^2 - \left(\dfrac{1}{n} \sum\limits_{\text{块}b} p_{x,y} \right)^2}$
直方图相似性	$\mathrm{HS} = \sum\limits_{c=0}^{255} \mid f_I(c) - f_{\widetilde{I}}(c) \mid$ 其中,$f_I(c)$ 是在 256 灰度级图像中灰度级 c 的相对频率

其中,$p_{x,y}$代表原始的未失真的图像中坐标为(x,y)的像素点,$\tilde{p}_{x,y}$代表嵌入了水印的图像中坐标为(x,y)的像素点。GSSNR需要将原始图像和嵌入水印的图像分割成包含n个像素点(如4×4像素)的子块。X和Y分别是行和列的个数。

常用的客观评价指标是信噪比(Signal Noise Ratio,SNR)和峰值信噪比(Pitch Signal Noise Ratio,PSNR)。它们通常以分贝(dB)来表示,即$10\log_{10}$SNR。客观评价方法的缺陷是:客观指标难以准确反映主观感受。研究结果表明,这些客观指标与人的视觉感受并不总是一致的。这是因为,人的感知包括了生理、物理、心理等多个过程,其复杂性使得简单模型难以对其准确描述。视网膜效应便是反映这一现象的有趣例子。视网膜效应指人类会对自己感兴趣的区域投入更多注意力这一现象。图6-2的两幅图像,峰值信噪比类似,分别为23.2dB和23.5dB,但主观感受的差异却较大。对于人物图像,人类感兴趣的区域是人物脸部,因此,失真集中于非脸部区域的图像(左图),相较于失真集中于脸部的图像(右图),更容易被人接受。

图 6-2　峰值信噪比类似的两幅图

为此,研究者提出了基于变换域和基于感知模型的客观评价指标,以期解决主客观评估不一致问题。这些指标与主观感受的吻合程度高于空域客观指标,但计算复杂度也更高。有兴趣的读者可以查阅相关的参考文献。

根据以上介绍可知,不同的场景应该选用不同的评价方式。在算法设计阶段,应该选用客观评价方法。对于空域算法,可以选择空域客观评价指标。对于变换域算法,应该选择变换域或基于感知模型的客观评价指标。而当需要对比分析成熟、稳定的水印算法时,主观评价方法则是合理的选择。

6.5　数字水印的应用现状和研究方向

6.5.1　数字水印的应用

数字水印的提出是为了保护版权,然而随着数字水印技术的发展,人们发现了水印的更多更广的应用,这些应用中有许多是当初人们没有预料到的。

目前,数字水印技术的应用大体上可以分为版权保护、数字指纹、认证和完整性校验、内容标识和隐藏标识、使用控制、内容保护、安全不可见通信等几个方面。下面对这些应用作一简单介绍。

(1)版权保护:为了表明对数字产品内容的所有权,所有者 A 用私钥产生水印并将其插入原图像(以图像为例)中,然后即可公开加载过水印的图像,如果 B 声称对公开的有水印的图像有所有权,那么 A 可以用原图像和私钥证明在 B 声称的图像中有 A 的水印,由于 B 无法得到原图像,B 无法作同样的证明。但在这样的应用中,水印必须有足够的稳健性,同时也必须能防止被伪造。

当数字水印应用于版权保护时,其潜在的应用市场有:电子商务、在线(或离线)分发多媒体内容以及大规模的广播服务。潜在的用户有:数字产品的创造者和提供者;电子商务和图像软件的供应商;数字图像、视频摄录机、数字照相机和 DVD 的制造者等。数字照相机和视频摄录机可将嵌入水印这一模块集成在产品中,于是图片和录像上就有了创建时的有关信息,如时间、所用设备、所有者等相关信息。VCD 和 DVD 刻录机、扫描仪、打印机和影印机中也集成了自动检测水印这一模块,而且这一模块无法绕过,当它们发现水印信息是未经授权的刻录复制、扫描、打印或影印时,它们将拒绝工作,这样将更有效地保护数字产品的版权,防止未经授权的复制和盗用。

(2)数字指纹:为了避免数字产品被非法复制和散发,作者可在其每个产品复件中分别嵌入不同的水印(称为数字指纹)。如果发现了未经授权的复件,则通过检索指纹来追踪其来源。在此类应用中,水印必须是不可见的,而且能抵抗恶意的擦除、伪造,以及合谋攻击等。

(3)认证和完整性校验:在许多应用中,需要验证数字内容未被修改或假冒。尽管数字产品的认证可通过传统的密码技术来完成,但利用数字水印来进行认证和完整性校验的优点在于,认证同内容是密不可分的,因此简化了处理过程。当对插入了水印的数字内容进行检验时,必须用唯一的与数据内容相关的密钥提取出水印,然后通过检验提取出的水印完整性来检验数字内容的完整性。数字水印在认证方面的应用主要集中在电子商务和多媒体产品分发至终端用户等领域。水印也可加载在 ID 卡、信用卡和 ATM 卡上,水印信息中有银行的记录、个人情况及其他银行文档内容,水印可被自动地识别,上述水印信息就可以提供认证服务。同时,水印可在法庭辩论中作为证据,这方面的应用也将是很有市场潜力的。

(4)内容标识和隐藏标识:此类应用中,插入的水印信息构成一个注释,提供有关数字产品内容的进一步的信息。例如,在图像上标注拍摄的时间和地点,这可以由照相机中的微处理器自动完成。数字水印可用于隐藏标识和标签,可在医学、制图、多媒体索引和基于内容的检索等领域得到应用。

(5)使用控制:在特定的应用系统中,多媒体内容需要特殊的硬件来复制和观看使用,插入水印来标识允许的复件数,每复制一份,进行复制的硬件会修改水印内容,将允许的复件数减一,以防止大规模的盗版,DVD 就是这种应用的实例。

(6)内容保护:在一些特定应用中,数字产品的所有者可能会希望要出售的数字产品能被公开自由地预览,以尽可能地多招徕潜在的顾客,但也需要防止这些预览的内容不被其他人用于商业目的,因此,这些预览内容被自动加上可见的但同样难以除去的水印。

对水印技术的要求随着应用的不同而不同,针对不同的应用,采用的技术也不一样。一个水印方案很难满足所有应用的所有要求,因此,数字水印算法往往是针对某类应用而设计的。

6.5.2　数字水印的研究方向

由于数字水印技术是近几年来在学术界兴起的一个前沿研究领域,目前还处于迅速发展之中,因此,掌握其发展方向对于指导数字水印的研究有着重要意义。今后数字水印技术的研究将侧重于完善数字水印理论,提高数字水印算法的稳健性、安全性,研究其在实际网络中的应用,建立相关标准等。

数字水印在理论方面的工作包括建立更好的模型,分析各种媒体中隐藏水印信息的理论容量(带宽),分析算法稳健性和抗攻击等性能。同时,也应重视对水印攻击方法的研究,这有利于促进研制更好的数字水印算法。水印技术现在得到了一定程度的应用,是同水印攻击的研究分不开的。

许多应用对数字水印的稳健性要求很高,这需要有稳健性更好的水印算法,因此,研究稳健性更好的水印算法仍是数字水印的重点发展方向。但应当注意到在提高算法稳健性的同时应当结合人类视觉特点和人类听觉特点,以保持较好的不可见性及有较大的信息容量。另外,应注意自适应思想以及一些新的信号处理算法在水印算法中的应用,如分形编码、混沌编码等。

数字水印应用中安全性自然是很重要的要求,但水印算法的安全性是不能靠保密算法而得到,这正如密码算法一样,密码算法必须经过公开的研究和攻击,其安全性才能得到认可。水印算法也一样,因此水印算法必须能抵抗各种攻击,许多水印算法在这方面仍需改进提高,研制更安全的数字水印算法仍是水印研究的重点之一。此外,应根据不同的数字产品内容分等级插入水印,即对较重要的内容和对安全性要求高的内容插入强度大、安全性好的水印,而对不太重要的内容和对安全性要求不高的内容插入强度小、安全性一般的水印,以适应实际应用的要求,这种分安全等级的水印方案有助于提高效率,也间接增强了水印的安全性。

综合数字水印的算法设计和算法攻击的发展现状和趋势,除了需继续研究具有很好的稳健性和安全性的水印算法外,从实际应用的观点看,我们认为数字水印的下列方向应是研究的重点:对于实际网络环境下的数字水印应用,应重点研究水印的网络快速自动验证技术。这需要结合计算机网络技术和认证技术;研究动态水印或具有交互性质的数字水印技术,可以修改水印内容或者通过水印来实现某些控制,如读取、复制。这要求水印中有可执行内容,在网络环境中可以通过在水印中加入 Java 模块或含有特定的 URL 等方法来实现。

应该注意到,数字水印要得到更广泛的应用必须建立一系列的标准或协议,如加载或插入水印的标准,提取或检测水印的标准,水印认证的标准等都是急需的,因为不同的水印算法如果不具备兼容性,显然是不利于推广水印的应用的。同时,需要建立一些测试标准,如StirMark 几乎已成为事实上的测试标准软件,以衡量水印的稳健性和抗攻击能力。这些标准的建立将会大大促进数字水印技术的应用和发展。

在网络的信息技术及电子商务迅速发展的今天,水印技术的研究更具有重要意义。数字水印技术将对保护各种形式的数字产品起到重要作用,但必须认识到数字水印技术并非是万能的,必须配合密码学技术及认证技术、数字签名或者数字信封等技术一起使用。一个实用的数字水印方案必须有这些技术的配合才能抵抗各种攻击,构成完整的数字产品版权保护的解决方案。

毫无疑问,数字水印技术将对保护各种形式的数字产品内容起到重要作用,因此,尽管该领域还是个相对来说非常年轻的领域,但它已经吸引了众多的研究者。我们会看到对数字水印攻击方法和水印算法设计的研究将导致更好的水印方案的出现和更成功的数字水印应用。

本 章 小 结

随着网络技术的发展和信息化程度的深入,数字信息的版权保护问题、信息的真实性问题等将日益受到重视,数字水印技术是一种较为有效的解决方案。本章主要介绍了数字水印的基本概念、分类、性能评价以及它的发展方向,具体算法将放在下一章介绍。

本 章 习 题

1. 试说明数字水印与信息隐藏的相同点和相异点。
2. 举例说明日常生活中的可见水印和不可见水印。
3. 搜集有关 StirMark 的资料,写出一份分析报告。
4. 通过网络查找数字水印的最新使用场景和使用领域。

第 7 章

数字水印技术

前面已经提到,数字水印实质上是信息隐藏的一个应用,只是其含义、应用范围等有所不同。因此,信息隐藏的算法大部分都可以应用到数字水印中来,信息隐藏要求提取的信息能够精确恢复,它同样适用于数字水印,如果数字水印能够被精确恢复,那是最好的。而数字水印还可以有更宽松的要求,如不需要精确恢复水印,只需证实有水印存在即可,因此,数字水印在提取信息和精确恢复方面,比信息隐藏要求更宽松。但是另一方面,数字水印在抗攻击性方面比信息隐藏要求更严格,因为信息隐藏是在攻击者(窃密者)不确定是否有隐藏信息的情况下的攻击,而且窃密者面对大流量的信息,只能对那些有怀疑的目标进行攻击。而数字水印则不同,数字水印是镶嵌在多媒体数字作品中用来标识版权的数据,盗版者为了盗用别人的数字作品而不被控告,会想方设法去破坏数字作品中可能的数字水印,使得在受到控告时,无法证明其中有原作者的水印。从这个角度来讲,数字水印受到的攻击要比信息隐藏可能受到的攻击强度更强。因此,设计数字水印算法时,应该比信息隐藏算法具有更强的抗攻击性,即要求数字水印具有更好的稳健性。

7.1 数字水印的形式和产生

数字水印从其表现形式上可以分为几大类:第一类是一串有意义的字符;第二类是一串伪随机序列;第三类是一个可视的图片(或二值图像或灰度图像)。

第一类是为了在作品中标注作品的所有者、创作日期、发行部门以及其他需要标注的信息,它们可以是明文字符,将这些字符串以比特流的形式嵌入数字作品中。在提取水印时,按照提取算法提取出这些比特流,转换成字符串,就可以得到需要的水印信息。在以明文字符做数字水印的情况下,需要考虑水印的稳健性。即使数字作品不受到恶意的攻击,它也应能够经受正常的处理引起的失真,如有损压缩、滤波、信号格式转换等。因此,为了避免由于一些小小的信息失真而无法完全恢复明文字符,一般在将字符串作为水印嵌入数字作品之前,需要将水印首先进行纠错编码,对水印增加一些冗余度,使得它可以纠正由于一些小的误差引起的字符错误。这一类数字水印,从水印形式上说,是稳健性较差的水印,它需要更多的冗余度进行纠错编码,而且需要稳健性更强的水印嵌入算法来保证水印能够正确提取。这种水印的优点是直观明了,没有歧义,只要水印能够正确提取,就可以证明作品的版权。

第二类数字水印克服了第一类水印的缺点,它不是直接将明文字符作为水印,而是将需要标识的信息与一个伪随机序列串对应起来。比如,利用一个 hash 函数,将需要嵌入的字符标识转换成一个数字,再将这个数字作为一个伪随机序列发生器的种子,产生一串伪随机数,这串伪随机数就唯一代表了原来的字符串。将伪随机数作为数字水印嵌入数字作品中。在需要验证作品的所有权问题时,用相应的水印提取算法提取出数字水印,这时提取出的数字水印不需要与原来的水印完全一样,通过相关性检测就可以判断有没有水印存在。如果相关性很高,可以判断提取出的水印与原来的水印很相似,也就是存在水印。可以说,利用相关性检测的水印,从水印的格式上来说,是稳健性比较好的水印。因为它不要求精确的水印恢复,提取出的水印和原始水印在每一个样点上都可能是不同的,但是只要它们的相关值很大,就可以判断水印的存在。

第三类数字水印是一种可视图像,它可以是一个人的手写签名或者是一些字符,以一个二值图像的形式保存,也可以是一个徽标形式,以二值图像(或灰度图像)的格式保存。将这些二值图像(或灰度图像)变为比特串,作为数字水印嵌入作品中。水印提取时,也是提取这些比特串,并把它们复原成原图像,由于数字作品受到可能的信号处理的破坏,或者恶意的攻击,因此恢复出的比特串会有误码,但是在误码不是很大的情况下,它们所组成的二值图像仍然能够通过人眼来识别出原来的手写签名、字符或者是徽标。这一类水印主要是利用人眼的视觉冗余性,它可以容忍较大的比特误码,只要仍然能够识别出原来二值图像的样子,就可以断定有水印存在。也可以用相关性检测的方法判定水印是否存在。因此这一类水印从形式上来说,也是稳健性比较好的水印。

从以上介绍来看,水印的稳健性包含两个方面的含义,从选用水印的形式上以及水印算法上都要考虑。一方面,选择水印时应该考虑水印本身能够容忍一定的误码,比如第二类和第三类水印;另一方面,设计水印算法时,要考虑水印算法的抗攻击能力,同时还要考虑水印检测方式。

7.2　数字水印框架

为了方便对数字水印算法的分析,结合各种可能的数字水印实现方案,本节提出了一个通用的数字水印实现框架,这样一个框架,可以概括目前通常采用的数字水印实现方案。

图 7-1 给出了数字水印的框架结构,它由两部分组成:一部分是水印嵌入过程;另一部分是水印提取过程。水印提取的输出结果可以是水印本身,也可以是判断水印是否存在的判决结果,这取决于水印提取算法。

数字水印的嵌入过程包括如下几部分(见图 7-1(a))。

(1) CPP:对被保护的数字产品 C 进行的预处理。此预处理可以是任何一种变换操作,如 DCT 变换、DFT 变换、小波变换、傅里叶-梅林变换等;也可以是一些变换操作的组合;还可以是空操作(这时嵌入的水印就成了空间域水印)。

(2) WPP:对数字水印 W 进行的预处理。WPP 也可以是任何一种变换操作,与 CPP 类似。另外还可以包括诸如置乱处理等操作。

(3) G:数字水印嵌入算法。

(4) CPP^{-1}:CPP 的逆操作。

嵌入过程中的信号表示分别为:C 为被保护的数字产品,W 为水印信息,K 表示数字水印嵌入算法的密钥，C_W 表示嵌入数字水印后的数字产品。

数字水印的提取过程包括如下几部分（见图 7-1(b)）。

（1）CPP：对 C_W 进行的预处理。

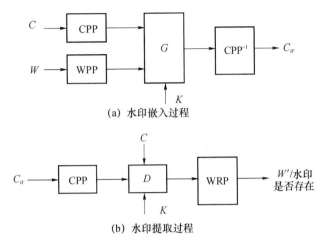

（a）水印嵌入过程

（b）水印提取过程

图 7-1　数字水印框架

（2）D：数字水印提取算法。

（3）WRP：包含可能的两类操作——如果是直接提取水印的算法，则 WRP 就是 WPP 的逆操作；如果是判决水印存在与否的算法，则 WRP 就是数字水印的判决算法。

数字水印的提取过程的输出有两种可能：一种是直接提取水印，得到提取出的水印 W'；另一种是判断水印是否存在，则得到水印是否存在的结论。

水印提取过程中，原始数字载体是可选择的，它取决于具体嵌入算法，有些算法需要原始载体，有些则不需要。

利用上述数字水印框架，可以分析目前提出的各种各样的数字水印方案。大部分的数字水印算法都是在预处理和嵌入算法上做文章。我们可以根据预处理的不同，把各种水印方案分类，如空间域水印（预处理为空操作）、变换域水印（预处理为各种变换），变换域水印中又根据变换域的不同，分为 DCT 变换域水印、小波变换域水印等。除了预处理的不同，还有嵌入算法的不同，它们的一些组合，就构成了多种多样的数字水印算法。

而水印的提取过程则是根据相应的水印嵌入算法而设计的。某些算法需要原始数据进行对比，一般在提取水印时能够得到原始数据会提高水印的稳健性，因为它不仅可以抵抗一般的失真，还可以有效的抵抗几何失真，如变形、缩放、剪切等。但是在许多应用中，不可能得到原始数据，如数据的跟踪和监控等；或者在一些应用中，如视频水印中，要处理的数据量很大，保存原始数据在实际中通常是不允许的；或者在未来的数字照相机中，拍摄出来的数字相片，就已经由数字相机嵌入了水印，因此并没有原始图片的产生。因此，当前的研究趋势是设计不需要原始数据的数字水印技术，这种技术具有更广泛的应用领域。

在设计水印算法时，首先需要考虑的就是水印的稳健性问题。一个好的数字水印算法，应该能够抵抗各种可能的攻击，包括有意或无意的破坏和攻击。由于空间域水印的鲁棒性较差，不能抵抗常用的信号处理，因此在实际应用中通常不被采用。目前研究最多的数字水印技术都是基于变换域的，并出现了大量的变换域数字水印算法。这些方法大都是针对某种特定的攻击(或处理),对载体进行相应的处理,然后在处理后载体的某种相对稳定成分上嵌入水印。比如,为了抵抗 JPEG 压缩,就引入了 DCT 域水印嵌入技术;为抵抗小波域的压缩,就引入了小波域水印技术;为了抵抗旋转和缩放的处理,又可以引入傅里叶-梅林(FMT)变换域水印技术等。而且通常出于保真度和鲁棒性的折衷,往往把水印信息嵌入在变换域的中频位置。

在设计稳健性的数字水印算法时,通常需要找到在某一种变换下的相对不变量,将水印嵌入在这些相对不变量中,这样,就可以在一定程度上抵抗相应的攻击或破坏。当然,在水印嵌入的强度上要折衷考虑对载体信号的影响。

7.3　图像数字水印技术

7.3.1　水印嵌入位置的选择

水印嵌入位置的选择应该考虑两个方面的问题:一个是安全性的问题;另一个是对载体质量的影响问题。安全性问题是指,嵌入的水印不能被非法使用者轻易地提取出来,或者被轻易地擦除。另一方面,在载体中由于嵌入了数字水印,载体本身产生了失真,或者说载体质量受到了影响,嵌入的水印,应该不能影响数字载体的使用,嵌入水印引起的失真,应该对人类的感观是不可察觉的。

根据 Kerckhoffs 准则,一个安全的数字水印,其算法应该是公开的,其安全性应该建立在密钥的保密性的基础上,而不应是算法的保密性上。为了防止水印被偶然地移去,或者被直截了当地提取出水印,可以采用选择水印在载体中嵌入的位置来达到目的。在许多方案中,采用了一个密钥控制的伪随机数发生器来产生嵌入水印的位置,只有版权所有者知道这个密钥,因此他是唯一一个在水印的嵌入和恢复过程中可以获得水印的人。

除了安全性方面,水印嵌入位置的选择对于载体的感观失真也起到了关键的作用。比如,人类视觉系统的敏感度随着图像纹理特征的变化而改变,因此需要考虑水印位置选择所引起的心理视觉问题。

1. 拼凑算法

作为一个例子,本节将介绍由 Bender 等人于 1995 年提出的一种"拼凑"算法。在拼凑算法中,一个密钥用来初始化一个伪随机数发生器,而这个伪随机数发生器将产生载体中放置水印的位置。

下面概括了拼凑算法的基本思想。在嵌入过程中,版权所有者根据密钥 K_s 伪随机地选择 n 个像素对,然后通过下面的两个公式更改这 n 个像素对的亮度值(a_i, b_i):

$$\tilde{a}_i = a_i + 1$$
$$\tilde{b}_i = b_i - 1$$

这样,版权所有者就对所有的 a_i 加 1 和对所有 b_i 减 1。在提取过程中,也使用密钥 K_s,将在编码过程中赋予水印的 n 个像素对提取出来,并计算这样一个和:

$$s = \sum_{i=1}^{n} (\tilde{a}_i - \tilde{b}_i)$$

如果这个载体确实包含了一个水印,可以预计这个和为 $2n$,否则它将近似为零。这种提取方法是基于下面的统计假设的:如果在一个图像里随机地选取一些像素对,并且假设它们是独立同分布的,那么有

$$E[s] = \sum_{i=1}^{n} (E[a_i] - E[b_i]) = 0$$

因此,只有知道这些修改位置的版权所有者能够得到一个近似值为 $s \approx 2n$。

这种拼凑算法只隐藏了一个信息,就是"水印提取者是否知道水印嵌入时使用的密钥",如果他知道密钥,那么自然能够得到 $s \approx 2n$,如果他不知道密钥,那么求出的 s 则近似为零。也就是证明了水印提取者是不是版权所有者。自从这种算法出现以后,又提出了一些扩展算法,目的是为了隐藏多于 1 bit 的信息,并且提高这种算法的鲁棒性。

2. 水印嵌入位置选择

对于图像而言,在纹理较复杂的地方以及物体的边缘区域,人类的视觉系统不太精确,也就是说对这些部分的失真不太敏感,因此在这些地方非常适合嵌入水印。另一方面,对于图像取值比较均匀的光滑区域,人眼对这些地方的失真非常敏感,因此这些地方不适合嵌入水印。因此,从人类的心理视觉考虑,从嵌入水印不影响感观效果的角度考虑,应该选择合适的区域嵌入水印。

如何选择合适的区域,则利用了预测编码的原理。在信源编码中,广泛使用预测模型,它是由信号的前一个值预测它的下一个值,前提假设是相邻的样本点或像素点是高度相关的。一般情况下,特别是在一个图像里,相邻像素的值比较接近。因此,从相邻像素之间的差别上就可以区分哪些属于纹理和边缘区域,哪些属于较光滑区域。这样,就可以选择合适的位置嵌入水印。

7.3.2　工作域的选择

正如信息隐藏一样,数字水印的嵌入也可以在不同的工作域上进行。如最简单的空间域水印,性能较好的变换域水印等。前一节介绍的拼凑算法、选择图像的视觉不敏感区域等,都属于空间域的水印,另外还有基于 LSB 的水印嵌入方法等。空间域水印存在的问题是稳健性较差,抗干扰能力较弱,因此目前研究最多的是在变换域上的数字水印嵌入技术。本节主要介绍几种常见的在不同工作域上的数字水印。

1. 离散傅里叶变换

离散傅里叶变换(DFT)是信号处理领域中应用最为广泛的工具之一,在数字水印技术中也可以使用。离散傅里叶变换的目的是将空间域的信号转换为频率域的信号,提供了信号的频谱能量分布和相位信息,因此,利用这一工具,可以根据需要有效地控制和调整信号的频率成分和相位成分。为了在安全性和稳健性之间获得最好的平衡,选择载体信号的合适部分来嵌入水印是非常必要的。

一个较为公认的离散傅里叶变换隐藏方法就是在声音信号相位中的隐藏,它是利用了人耳对相位的不敏感性来实现的信息隐藏。同样,对于数字水印,也可以采用类似的方法,在声音信号的相位中嵌入水印。

2. 离散余弦变换

基于离散余弦变换(DCT)的数字水印算法有很多,主要思路是,在 DCT 变换的中频系

数中嵌入水印,既保证了水印的不可见性,又保证了水印的稳健性,达到了一个平衡。基于 DCT 变换的数字水印算法又有许多变种,它们分别是针对各种不同的应用需求、抵抗各种不同种类的攻击而设计的。

二维 DCT 变换是目前使用最多的图像压缩系统(JPEG 压缩)的核心,JPEG 压缩是将图像的像素分为 8×8 的块,对所有块进行 DCT 变换,然后对 DCT 系数进行量化,量化时,先对所有的 DCT 系数除以一组量化值(见表 7-1),并取最接近的整数。压缩中采用 ZigZag 扫描方式(见图 7-2),将 8×8 的 DCT 系数变为一维序列,这种扫描方式也表示了图像的频率成分,左上角为直流成分,然后顺序为低频成分,中频成分和高频成分。

表 7-1　JPEG 压缩中使用的量化值(亮度成分)

坐标	0	1	2	3	4	5	6	7
0	16	11	10	16	24	40	51	61
1	12	12	14	19	26	58	60	55
2	14	13	16	24	40	57	69	56
3	14	17	22	29	51	87	80	62
4	18	22	37	56	68	109	103	77
5	24	35	55	64	81	104	113	92
6	49	64	78	87	103	121	120	101
7	72	92	95	98	112	100	103	99

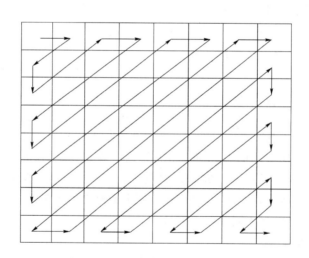

图 7-2　ZigZag 扫描方式

DCT 域的数字水印算法都是充分利用了 DCT 系数的特点,如直流分量和低频系数值较大,代表了图像的大部分能量,对它们做修改会影响图像的视觉效果;高频系数值很小,去掉它们基本不引起察觉;因此最好的水印嵌入区域在中频部分。有许多 DCT 域的数字水印嵌入算法,大部分算法的核心都是在中频区域选择多个三元组(A1,A2,A3),每一个三元组嵌入 1 bit。如果当前比特为 1,则将三个数中的最大值放在 A2 位置;如果当前比特为 0,则将三个数中的最小值放在 A2 位置。类似于 DCT 域的信息隐藏算法,它们是通过调整这个三元组数据的相对大小来实现水印嵌入的。

考虑到嵌入的位置是 DCT 的中频系数,它们的值都比较接近,隐藏这类算法嵌入水印信息时对图像的修改很小,这样对图像质量的影响就较小。另一方面,水印的检测是根据相应位置系数的大小关系来提取水印的,如果三元组系数之间的差别太小,当图像受到干扰时,则相应的系数关系就有可能改变,造成检测时发生误判,即鲁棒性较差。为此,应该先进行预处理,当三个系数最大值和最小值的差别小于某一阈值时,则认为该三元组不适合嵌入水印,该组置为无效。当三个系数最大值和最小值的差别太大时,也不适合进行系数修改,因为修改后有可能产生视觉差异,这样的组也应置为无效。

参考文献[50]提出了一种基于 DCT 变换的数字水印算法——基于中国剩余定理的数字水印分存算法,该算法主要利用了密码学中的秘密共享的原理。在数字水印的应用中会存在这样的问题,某人创作了一件数字作品,并嵌入了自己的水印,作为他的版权标志信息。而盗版者可能窃取数字作品中的一部分关键内容,或者对数字作品进行少许修改,此时原作者可能无法从中提取出完整的水印信息,无法证明自己的作品被侵权。而水印分存的思想是将密码学中的秘密共享的思想应用于数字水印方面,水印信息经过分存后被分成 n 部分,每一部分之间没有任何包含关系,然后将分存后的水印信息嵌入到作品中,只有获得其中 $t(t \leqslant n)$ 份以上的信息才可以恢复原始水印。

参考文献[50]中的结果简单介绍如下。实验中采用的数字图像为 512×512 的 LENA 图像,水印信息为二值图像"秘密"二字,如图 7-3～图 7-9 所示。

图 7-3　原始图像

图 7-4　嵌入水印后图像

图 7-5　数字水印

图 7-6　携带水印的图像被剪切

图 7-7　从受损图像中恢复的水印　　　　　　图 7-8　被剪切下的图像内容

3. 小波变换

　　还有一类常用的变换域水印方法就是在小波变换域进行。因为小波变换是将空间和时间信号,在多个不同的分辨率尺度下进行分解,因此可以针对信号的不同分辨率尺度对信号进行处理。而很多信号处理压缩算法都是基于小波变换的,因此在小波变换域进行水印的嵌入,可以提高数字水印的性能。

图 7-9　从被剪切下的图像中恢复的水印

　　这里主要介绍一种通过对小波系数进行编码的方式实现的数字水印算法——邻近值算法。该算法是在图像一级小波变换的基础上进行数字水印嵌入的,它利用邻近值算法修改小波变换后 HL_1 上的每个详细系数,分别嵌入 1 bit 信息。当然也可以使用 HL_1 上的详细系数来进行水印嵌入。该方案的优点是嵌入的信息量比较大,仅使用 HL_1 中的详细系数,就能够嵌入载体图像 1/4 大小的二值数字水印图像。另外,嵌入和提取时采用邻近值算法,该算法在动态调整水印方案鲁棒性的同时,还保证了载体图像的视觉效果。嵌入和提取过程如图 7-10 所示。

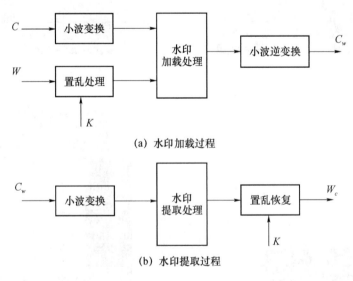

(a) 水印加载过程

(b) 水印提取过程

图 7-10　小波系数邻近值水印方案

(1) 水印的加载过程

- 对载体图像 C 作一级小波变换。
- 以密钥 K 为种子对水印数据 $W(i,j)$ 随机置乱,记置乱后的水印图像数据为 $W'(i,j)$。
- 根据为 $W'(i,j)$ 的数据,利用邻近值算法水印加载处理,对载体图像的一级小波变换的 HL_1 详细系数进行修改,嵌入水印信息。
- 然后,对修改后的小波变换域系数,作一级小波逆变换,恢复加水印图像,记作 C_w。

(2) 水印的提取过程

- 对加水印图像 C_w 作一级小波变换。
- 利用邻近值算法水印提取处理,从载体图像的一级小波变换的 HL_1 详细系数中提取出已经置乱的水印信息 $W'(i,j)$。
- 对提取出的置乱水印信息 $W'(i,j)$,以密钥 K 为种子对数据 $W'(i,j)$ 进行置乱恢复,提取出嵌入的水印 W_c。

(3) 邻近值算法

邻近值算法的思想是:对于给定的数值 Φ 和步长 a,根据水印比特的取值 0 或 1,修改 Φ 的值。当要嵌入 1 时,取 Φ 为最接近 Φ 的偶数个 a 的值;当要嵌入 0 时,取 Φ 为最接近 Φ 的奇数个 a 的值。如 $\Phi=5$,$a=2.4$,当嵌入 0 时,取 $\Phi=4.8$;当嵌入 1 时,取 $\Phi=7.2$。

① 加载处理

当 $W'(i,j)=1$ 时,修改 $HL_1(i,j)$ 的值,使得 $HL_1(i,j)$ 等于与 $HL_1(i,j)$ 距离最近的 a 的偶数倍的值。

当 $W'(i,j)=0$ 时,修改 $HL_1(i,j)$ 的值,使得 $HL_1(i,j)$ 等于与 $HL_1(i,j)$ 距离最近的 a 的奇数倍的值。

② 提取处理

当 $HL_1(i,j)/a$ 最接近偶数时,取

$$W'(i,j)=1$$

当 $HL_1(i,j)/a$ 最接近奇数时,取

$$W'(i,j)=0$$

该数字水印方案采用邻近值算法,算法中的步长 a 可以根据水印鲁棒性需要动态地调节,同时在系数修改上取最接近系数本身的奇数或偶数倍步长值,保证了载体图像的视觉效果。数字水印在检测时不需要原载体图像。并且有置乱处理,对剪切攻击具有良好抵抗效果,同时对 JPEG 压缩也有一定抵抗能力。

7.3.3 脆弱性数字水印技术

大部分数字水印技术在没有特别说明的时候,一般都是指稳健性的数字水印。脆弱性的数字水印是一类特殊的数字水印。所谓脆弱性数字水印技术就是在保证多媒体信息一定感知质量的前提下,将数字、序列号、文字、图像标志等作为数字水印嵌入到多媒体数据中。当多媒体内容受到怀疑时,可将该水印提取出来用于多媒体内容的真伪识别,并且指出篡改的位置,甚至攻击类型等。脆弱性数字水印的概念在国外始于 1994 年,而真正引起各国研究学者的关注则是在 1997 年。

1. 脆弱性数字水印的基本特征

脆弱性数字水印作为数字水印的一种,除了具有水印的基本特征,如不可见性、水印的安全性、一定的鲁棒性外,还应能够可靠地检测篡改,并根据具体场合的不同而具有不同的鲁棒性,它具有如下一些基本特征。

(1)检测篡改

脆弱性数字水印最基本的功能是可靠地检测篡改,其理想情况是能够提供修改或破坏量的多少及位置,甚至能够分析篡改的类型,并能对篡改的内容进行恢复。

(2)稳健性与脆弱性

水印的稳健性与脆弱性应随应用场合的不同而不同,如果用于版权保护,则希望水印足够稳健,并能承受大量有意的或无意的(如图像压缩、滤波、扫描与复印、噪声污染、尺寸变化)破坏,若攻击者试图删除水印,则将导致多媒体产品的彻底破坏;如果用于图像的篡改鉴别,则希望水印是在满足一定稳健性条件下的脆弱,譬如在许多应用场合,图像压缩就属于被容许的篡改,它要求水印能够在抵抗一定压缩的情况下,同时还能检测出恶意的篡改。

(3)不可感知性与感知性

同稳健性水印一样,在一般情况下,脆弱性数字水印也是不可见的。

(4)可靠性

系统应具有较小的误检率和漏检率,由于认证检测结果直接关系到图像的真伪及其所具有的价值大小,因此误检率和漏检率是评价脆弱性水印性能的重要指标,确保检测的准确可靠应是脆弱性水印设计的关键。

2. 脆弱性数字水印算法

根据识别篡改的能力,可以将脆弱性水印划分为以下四个层次。

(1)完全脆弱性水印:指的是水印能够检测出任何对图像像素值进行改变的操作或对图像完整性的破坏,如在医学图像数据库中,图像的一点点改动可能都会影响最后的诊断结果,因此此时嵌入的水印就应当属于完全脆弱性数字水印。

(2)半脆弱水印:在许多实际的应用场合中,往往需要水印能够抵抗一定程度的有益的数字信号处理操作,如 JPEG 压缩等,这类水印可以比完全脆弱性数字水印稍微稳健一些,即允许图像有一定的改变,它是在一定程度上的完整性检验。

(3)图像可视内容鉴别:在有些场合,由于用户仅仅对于图像的视觉效果感兴趣,也就是说,能够容许不影响视觉效果的任何篡改,因此此时嵌入水印主要是对图像的主要特征进行真伪鉴别,即比前两类水印更加稳健。

(4)自嵌入水印:即把图像本身作为水印加入,这不仅可以鉴别图像的内容,而且可以部分恢复被修改的区域,如图像被剪掉一部分或被换掉一部分,就可以利用这种水印来恢复原来被修改的区域,但自嵌入水印可能是脆弱的或半脆弱的。

脆弱性水印按照实现方法的不同,又可分为空间域方法和变换域方法两类。

(1)空间域方法

最早的空间域方法是基于 LSB 的方法,即在图像最低有效位平面嵌入水印,然而,这种仅仅修改图像最低有效位的方法不仅对噪声非常敏感,而且容易被破坏掉,同时这种方法不能容忍对图像的任何修改。另外一种脆弱性水印,该水印是针对图像的 7 个最高有效位及尺寸,通过密码学中的 Hash 函数运算来获得原始图像的某些特征,该特征与一有意义的二值水印图像经过异或操作,并经过公开密钥加密后,嵌入到图像的最低有效位。当图像内容受到怀疑时,首先将图像的 7 个最高有效位与图像尺寸,经过 Hash 运算后,得到某些特征,然后将图像最低有效位公开解密后的结果与该特征进行异或操作后,即从提出的水印可以非常直观地看出被篡改的区域。必须指出的是,空间域方法的优点是能够嵌入较多的水印,但非常易于被精心设计的攻击所攻破,即被"伪认证"通过。

(2) 变换域方法

同稳健性数字水印一样,为提高水印的稳健性,许多算法均采用了变换域方法,在脆弱性数字水印研究中,变换域方法也有许多优点,如许多脆弱性水印系统的应用场合是要求水印能抵抗有损压缩的,这在变换域中更容易实现,而且容易对图像被篡改的特征进行描绘。变换域方法突出的优点是能够较好地与现有的压缩标准(如 JPEG,JPEG2000)结合起来,并且能够在容许一定压缩比的情况下,检测出发生的篡改并定位,但由于嵌入水印的量比较有限,对篡改的定位一般是 8×8 大小的块,因此不如空间域水印定位准确。

随着网络通信技术的迅速发展和多媒体数字产品的增多,对数字信息进行真实性和完整性认证变得日益紧迫和重要,其应用涉及电子政务、电子商务、国家安全、医院、司法、新闻出版、网络通信、科学研究、工程设计等各个领域,采用数字水印技术进行图像认证是一个方兴未艾的高新技术前沿课题,其迫切的市场需求和广泛的应用前景已吸引了众多的研究者投入到这一行列。但关于脆弱性水印和半脆弱性水印技术的研究目前尚处于初步阶段,在理论和实际成果方面还远不如稳健性水印技术那么成熟,还存在许多有待于深入研究的问题。

7.4　软件数字水印技术

随着软件产业的迅速发展,软件产品的版权保护已经成为一个十分重要的问题。目前在软件版权保护方面,人们主要是通过加密、认证等方式进行。最近出现的软件水印则是另一种全新的软件保护措施。

7.4.1　软件水印的特征和分类

软件水印就是把程序的版权信息和用户身份信息嵌入到程序中。目前,国内外详细而全面地介绍软件水印的文章还很少,这与多媒体水印的研究热潮形成了鲜明的对比。软件水印的研究目前仍处于起步阶段,主要因为软件(通常是一段可执行程序)与一般的数字产品不同,它不能在进行大量的、深层次的修改后仍保持原有的特征。因此,在软件中嵌入一个或若干个证明知识产权的数字水印很难,而且也难以设计出防止攻击、具有鲁棒性的水印。

为了使软件水印能够真正发挥保护软件所有者的知识产权的作用,一般要求软件水印具有以下特征:

（1）能够证明软件的产权所有者。这是软件水印存在的主要目的。

（2）具有鲁棒性。软件水印必须能够抵抗攻击、防止篡改，而且软件的正常压缩解压以及文件传输不会对水印造成破坏。

（3）软件水印的添加应该定位于软件的逻辑执行序列层面而不依赖于某一具体的体系结构。一般说来，结合某一具体的体系结构特征往往能增加软件水印的鲁棒性。

（4）软件水印应该便于生成、分发以及识别。

（5）对软件已有功能和特征的影响在实际环境下可以忽略。如果软件水印的存在对软件的正常运行造成很明显的负面影响，那么该水印不是一个设计良好的水印。

根据水印的嵌入位置，软件水印可以分为代码水印和数据水印。代码水印隐藏在程序的指令部分中，而数据水印则隐藏在包括头文件、字符串和调试信息等数据中。根据水印被加载的时刻，软件水印可分为静态水印和动态水印。静态水印存储在可执行程序代码中，比较典型的是把水印信息放在安装模块部分，或者是指令代码中，或者是调试信息的符号部分。静态水印又可以进一步分为静态数据水印和静态代码水印。区别于静态水印，动态水印则是保存在程序的执行状态中，而不是程序源代码本身。这种水印可用于证明程序是否经过了迷乱变换处理。动态水印主要有 3 类：Easter Egg 水印、数据结构水印和执行状态水印。其中，每种情况都需要有预先输入，然后根据输入，程序会运行到某种状态，这些状态就代表水印。下面介绍几种常见的软件水印。

7.4.2　软件水印简介

1. 静态数据水印

数据水印很容易产生和识别，是一种常见的水印。数据水印是将水印信息嵌入在程序中的一些数据中，但是它很容易被迷乱攻击破坏。例如，把所有的数据分解成一系列数据，然后散布到整个程序中，这样代表水印信息的数据也被分解，增加了水印检测的困难程度；或者用一个产生这些数据的子程序来代替这些数据，这样在程序中就找不到该数据的原型，也就无法检测水印。

2. 静态代码水印

代码水印是利用目标代码中包含冗余信息嵌入水印。例如，通过调整两条无依赖关系指令的顺序可以嵌 1bit 的水印信息。IBM 提出了一种把寄存器出入栈的顺序作为水印的方法，同样可以通过排列有 m 个分支的 case 语句的顺序来编码 $\log(m!)$ 比特信息。Davidson 描述一种类似的代码水印，它在程序的控制流图的一个基本模块中对软件的序列号进行编码。

许多代码水印都经不起一些简单的水印攻击，如调整指令的顺序。既然交换指令的顺序不影响原程序，那么就可以把源代码中所有满足这个条件的指令都交换位置，这样就无法检测到先前加入的水印了。

很多代码迷乱技术能够破坏代码水印。对于 Davidson 的方法，只要能准确地找到控制流图的基本模块，很容易通过插入一个布尔值始终为 TRUE 的条件分支破坏这个基本模块使水印无法检测。通过迷乱变换所有静态结构水印都会被破坏。一些代码优化技术也很容易破坏静态代码水印。Moslkowitz 提出了一种具有防篡改的水印算法,其基本思想是把关键代码的一部分隐藏在软件的资源(如图标、声音)中,并且程序会不时地从资源中提取出这段代码执行,如果资源被破坏,那么程序就会出错。

总之,尽管静态水印比较简单,但是由于它容易遭到破坏、鲁棒性不好,因而不能得到广泛应用。

3. Easter Egg 水印

这种水印无须检测,它通过一个输入产生一个输出。例如,输入一个字符串,然后屏幕上就显示出版权信息或一幅图像。Easter Egg 水印的主要问题是水印在程序中的位置容易找到,一旦输入正确信息,用 softice 这样的标准调试软件就可以跟踪程序执行情况,进而找到水印的位置,所以这种水印不是很安全。

4. 动态数据结构水印

这种水印的机制是,输入特定信息激发程序把水印信息隐藏在堆、栈或者全局变量域等程序状态中。当所有信息都输完之后,通过检测程序变量的当前值来进行水印提取。可以安排一个提取水印信息的进程或者是在调试器下运行程序查看变量取值。

与 Easter Egg 水印不同的是,动态数据水印没有输出,而且水印的提取过程不是封装在应用程序中,因而不容易找到水印在程序中的位置,但是这种水印也经不住迷乱变换攻击。

5. 动态执行过程水印

程序在特定的输入下运行时,对程序中指令的执行顺序或内存地址走向进行编码生成水印。水印检测则通过控制地址和操作码顺序的统计特性来进行。

7.4.3 软件水印发展方向

软件水印是密码学、软件工程、算法设计、图论、程序设计等学科的交叉研究领域。掌握软件水印的发展方向对软件水印的研究有着重要的指导意义。今后软件水印技术的研究和其他多媒体水印技术一样应侧重于完善理论,提高水印算法的鲁棒性,建立相关标准。而且软件保护方式的设计应在一开始就作为软件开发的一部分来考虑,列入开发计划和开发成本中,并在保护强度、成本、易用性之间进行折中考虑,选择一个合适的平衡点。

在计算机技术迅速发展的今天,软件水印技术的研究显得更具有现实意义,但是也必须认识到,对软件版权保护仅仅靠技术是不够的,最终要靠的是人们知识产权意识的提高和法制观念的进步。

7.5 音频数字水印技术

随着 MP3、MPEG、AC-3 等新一代压缩标准的广泛应用,对音频数据产品的保护就显得越来越重要。与静止图像水印技术相比,音频水印有自己的特性:一是音频信号在每个时间间隔内采样的点数要少得多,这意味着音频信号中可嵌入信息量要比可视媒体少得多;二是人耳听觉系统(HAS)要比人眼视觉系统(HVS)灵敏得多,因此听觉上的不可知觉性实现起来要比视觉上困难得多;三是为了抵抗剪切攻击,嵌入的水印应该保持同步;四是由于音频信号一般都比较大,所以提取时一般要求不需要原始音频信号;五是音频信号也有特殊的攻击,如回声、时间缩放等,因此与静止图像和视频水印相比,数字音频水印具有更大的挑战性。

根据水印加载方式的不同,音频数字水印可以分为四类:时间域数字水印、变换域数字水印、压缩域数字水印以及其他类型的数字水印。大多数时间域水印算法可以提供简捷有效的水印嵌入方案,且具有较大的信息嵌入量,但对语音信号处理的鲁棒性较差;频率域水印算法则具有的较强的抵抗信号处理和恶意攻击的能力,但其嵌入与提取的过程相对复杂;压缩域水印算法是直接把水印信号添加到压缩音频上,它可以避免压缩算法编解码的复杂过程。

7.5.1 时间域音频数字水印

几种常见的时间域数字水印嵌入算法如下。

1. 最低有效位方法

这是一种最简单的时间域水印算法,该方法是利用原始数据的最低几位来嵌入水印,嵌入的位数,以人的听觉无法察觉为原则。该方法的优点是具有较大的嵌入容量,缺点是水印的稳健性很差,无法经受一些信号处理的操作,而且很容易被擦除或绕过。

2. 回声隐藏法

回声隐藏法的原理是在离散信号 $f(t)$ 中引入回声 $\alpha f(t-\Delta t)$,通过修改信号和回声之间的延迟 Δt 来编码水印信息。水印提取时,计算每一个信号片段中信号倒谱的自相关函数,在时延 Δt 上会出现峰值。

回声隐藏方法有很多优点,它对滤波、重采样、有损压缩等不敏感,嵌入算法简单。但容易被第三方用检测回声的方法检测出来,易被察觉。由于在水印嵌入时需要对信号进行分块处理,因此,水印提取时需要采取某种比较精确的同步措施,否则会影响水印提取的正确率。

3. 通过改变信号幅值的隐藏算法

Wen-Nung Lie 等利用频域掩蔽模型,通过扩大或缩小三个相继数据块的采样点幅值,保持它们的相对能量关系以嵌入水印,提取时不需要原始信号,同步问题通过在水印信号中加入同步码字来实现。它可抵抗 MP3 压缩、低通滤波、幅度归一化、剪切以及相同采样率的 DA/AD 转换,但不能抵抗重采样、样本精度转换、单声道/多声道转换和时间伸缩等攻击。

7.5.2 变换域音频数字水印

常见的在变换域中的数字水印算法有傅氏变换域算法、离散余弦变换域算法和小波变换算法等。

1. 傅氏变换域算法

相位编码是利用人类听觉系统对声音的绝对相位不敏感,但对相对相位敏感的特性进行数字水印嵌入的。在相位编码中,载体信号首先分成若干个短序列,然后进行 DFT 变换,修改所有信号片段的绝对相位,同时保存它们的相对相位差不变,然后通过 IDFT 得到伪装信号;在恢复秘密信息之前,必须采用同步技术,找到信号的分段。已知序列长度,接收者就能计算 DFT,并能检测出相位 $\phi_0(k)$;该算法对载体信号的再取样有鲁棒性,但对大多数音频压缩算法敏感。由于仅在第一个信号片段进行编码,数据传输率很低。

2. DCT 变换域算法

借助扩频通信的思想,可以将水印信号分散在尽可能多的频谱中。扩频水印技术可以抵抗有损压缩编码和其他一些具有信号失真的数据处理过程。但是在水印嵌入的过程中会产生加性噪声,因此此水印嵌入时,需要同时使用音频掩蔽技术,使得水印的嵌入对声音信号的听觉影响降到最低。另外,扩频水印的提取算法较复杂,而且算法对于信号的同步要求较高,对于音频载体中幅度的变化稳健性较差。

Kirovski D. 等人提出一套新的可以明显改善扩频水印系统性能的技术,即通过对于水印模式强加上特定的结构(同时又保持随机性)和应用非线性滤波来减少载体噪声。该算法鲁棒性较好,即使在经过复合攻击的、质量下降的声音块中,也能可信的检测到水印。

3. 小波变换域算法

小波变换是一种时频分析的工具,它可以将信号分解到时间域和尺度域上,不同的尺度对应不同的频率范围,对于音频信号这样的时变信号而言,小波变换是一种很适合的工具技术,因此有许多基于小波变换的语音压缩和水印嵌入算法。这里介绍一种基于小波变换的音频数字水印算法。

水印嵌入算法:

- 数字水印为一个随机信号,它可以通过作者的身份、作品产生时间等信息产生一个伪随机序列$(x_1, x_2, \cdots, x_N)$。
- 选择适当的小波基对原始语音信号进行 L 级分解,在第 L 级的小波细节分量 d_L 中嵌入水印。
- 设水印的长度为 N,选择 d_L 中绝对值最大的前 N 个值 $d_L(1), d_L(2), \cdots, d_L(N)$,水印嵌入算法采用公式:$d_L'(i) = d_L(i)[1 + \alpha x(i)]$。
- 进行小波逆变换恢复嵌入水印的语音信号。

水印检测算法:

在水印检测端(作品所有者或第三方认证机构),原始的语音信号以及水印信号需要保留以备检测时用。

- 对待检测语音信号进行同样的小波变换。
- 对 L 级分解的细节分量,利用原始语音信号找到隐藏了 N 个随机数的位置,求出

$$x'(i) = [d_L'(i)/d_L(i) - 1]/\alpha$$

- 计算序列 x' 与 x 的相关值,从相关函数中就可以判断是否有正确的水印信号存在。

该算法的特点是,水印信号放在了语音信号能量最大的部分,如果这一部分信号受到较大的破坏,则严重影响语音的质量。因此,算法中把水印信号与语音信号的能量最大部分结

合在一起,一方面语音信号遮盖了水印的影响,使其不易被发觉;另一方面即使受到一定的破坏,只要语音信号有一定的可懂度,水印信号就可以检测出来。

部分实验结果如图 7-11～图 7-13 所示。从实验结果可以看出,嵌入水印的语音信号波形上与原始信号几乎没有差别。嵌入水印的语音信号经过叠加高斯白噪声、语音有损压缩(RPE-LTP,规则脉冲激励-长期预测)等处理后,经过相关性检测,都能够正确判断水印的存在。

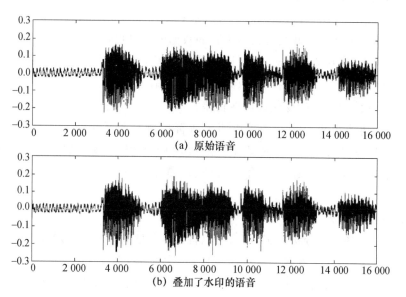

图 7-11　原始语音与嵌入了水印的语音

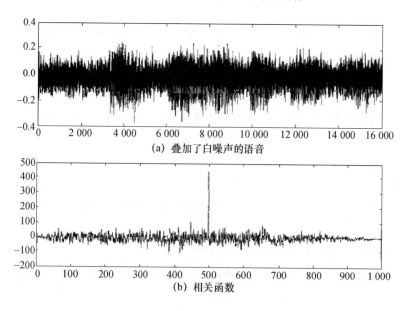

图 7-12　白噪声的影响

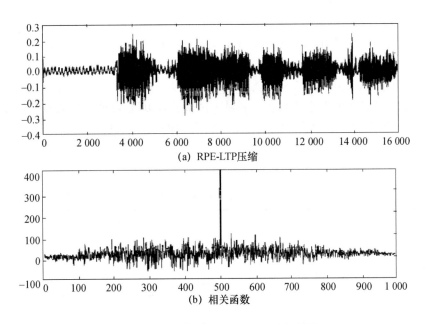

图 7-13　语音信号经 RPE-LTP 有损压缩

7.5.3　压缩域数字水印

　　音频水印应用最多的是在原始音频上进行嵌入,但是目前越来越多的音频信号是以压缩形式存在的,因此研究压缩域的音频水印显得尤为重要。与视频水印一样,音频水印按照水印嵌入的位置也可以分为三类:第一种是在原始音频信号中嵌入;第二种是在音频编码器中嵌入,这种方法稳健性较高,但需要复杂的编码和解码过程,运算量大,实时性不好;第三种是在压缩后的音频数据流中直接嵌入,这种方法避免了复杂的编解码过程,但稳健性不高,而且能够嵌入的水印容量不大。

　　Klara N. 等人提出了一种不可逆的在 MPEG 音频压缩数据流中嵌入水印的技术,有两种水印嵌入算法:一种是在 MPEG 音频压缩编码的比例因子中嵌入,这种方法嵌入量会较低而且易受攻击;另一种是在采样点数据中嵌入,如果对每一个采样点数据都进行修改,会造成很大的失真,因此笔者通过选择一个步长参数控制水印的可察觉性。这两种算法的水印提取过程都需要原始压缩数据。这种直接在压缩数据域中嵌入水印的方法,可避免复杂的压缩算法的编解码过程。

　　Moriya T. 等人提出了两种在矢量量化编码的过程中嵌入水印的技术:第一种是用位替换方法,提取时可在嵌入的位置直接提取,在这种方法中要想改变水印而使原始信号不降质将很难;第二种是通过控制解码者不知道的编码参数进行嵌入,提取时需要原始的非压缩信号和编码过程。

7.5.4　音频数字水印的评价指标

音频水印算法性能好坏一般使用三个指标来衡量,即透明性、容量和鲁棒性。

1. 透明性

在目前研究工作中,通常有以下几种方法来衡量水印算法透明性。

(1) MOS 值

最常用的音频透明性评测方法是主观平均判分(Mean Opinion Score,MOS)法,这种方法是一种 ITU(P.800)确定的主观评定方法。该方法挑选测试人员对音频信号的质量进行评分,求出平均分数,评分 1 到 5 分作为对音频信号质量的评价结果,一般高质量的音频(如 G.711PCM 编码方法)可以达到 4 分。主观测试直接反映了人对音频质量的感受,一般来说比较准确,对最终的质量评价和测试是有实际价值的。但其缺点是,不同听众之间主观差异较大,并且实验时要得到较好的统计结果,就需要找大量的人员进行测试,因此结果的可重复性不强。MOS 分值的含义如表 7-2 所示。

表 7-2　MOS 主观评分标准

分　　数	音频质量	描　　述
5	优异	相当于专业录音棚的录音质量,非常清晰
4	良	相当于 PSTN 网上的语音质量,语音流畅
3	中	达到通信质量,听起来稍有困难
2	差	质量很差,难以理解
1	不能分辨	语音不清楚,基本被破坏

透明性除主观评价技术之外,还可以采用客观定量的评价标准来判断水印算法的透明性,如信噪比和峰值信噪比。

(2) 信噪比

如果把嵌入的水印信号看作是加载到原始音频信号上的噪声,则可以通过计算信噪比来衡量嵌入的水印信号对音频信号的影响程度。信噪比(SNR)定义如下:设 N 为音频数据段长度,x 为原始音频采样数据,x_w 为含水印的音频采样数据,则

$$SNR = 10\log_{10} \frac{\sigma^2}{D}$$

其中,$\sigma^2 = \frac{1}{N}\sum_{i=0}^{N-1}(x_i - \overline{x})^2, \overline{x} = \frac{1}{N}\sum_{i=0}^{N-1}x_i, D = \frac{1}{N}\sum_{i=0}^{N-1}(x_i - x_{ui})^2$。

信噪比其实并不是一个很好的音频听觉质量评价标准,比如在极轻微的同步攻击下即使听觉质量没有变化,信噪比的值也会下降很多。因此人们逐步采用峰值信噪比来作为判断标准。

(3) 峰值信噪比

在宿主信号中嵌入水印信号之后,通过观察其峰值信噪比也可以定量地评价隐蔽载体的透明性,当载体嵌入秘密信息后,峰值信噪比越高,表示该算法的透明性越好。

峰值信噪比(PSNR)定义如下:设 N 为音频数据段长度,x 为原始音频采样数据,x_w 为含水印的音频采样数据,则

$$PSNR = 10 \cdot \log_{10} \frac{\max\limits_{0 \leqslant n < N}\{x^2(n)\}}{\sum_{n=0}^{N-1}\left[x_w(n) - x(n)\right]^2}$$

2. 水印容量

水印容量也常称为数据嵌入量,指单位长度的音频中可以隐藏的秘密信息量,通常用比

特率来表示,单位为 bit/s (bits per-second),即每秒音频中可以嵌入多少比特的水印信息。也可以用样本数为单位,如在每个固定采样样本长度中可嵌入水印比特的位数。对于数字音频来说在给定音频采样率的条件下两者是可以相互转换的。国际留声机联盟 IFPI 要求嵌入水印的数据信道至少要有 20 bit/s 的带宽。从隐写术的角度来说,隐写术需要隐藏成千上万字节的信息;对于水印系统来说,版权保护通常认为只需要几十或者几百比特的水印信息即可。

3. 鲁棒性

在对音频水印算法的鲁棒性进行评价时,通常采用误码率和归一化系数来衡量。

(1)误码率

在实际水印算法鲁棒性评价应用中,常用水印的误码率(BER)来衡量水印抵抗攻击能力,即在各种攻击后提取得到的水印与原始水印之间不同比特数所占的百分比。BER 的定义如下:

$$BER = \frac{错误的比特数}{总比特数} \times 100\%$$

如果含水印音频未经过任何音频信号处理的攻击,提取出来的水印图像和原始图像的误码率为 0;当含水印信息的隐写载体在传输过程中经过一些信号处理,提取的水印图像和原始水印图像之间的误码率会增加。含水印信息的音频经过某种信号处理后提取的水印图像和原始水印图像之间的误码率越低,表示该算法抵抗该种音频信号处理能力的鲁棒性越强。

(2)归一化系数

如果在音频信号中嵌入的水印信息为二值图像,可采用归一化相关系数(NC)来判断提取水印图像和原始水印图像的相似性作为评价标准,其定义为

$$NC(W,W') = \frac{\sum_{i=1}^{M_1}\sum_{j=1}^{M_2}W(i,j)W'(i,j)}{\sqrt{\sum_{i=1}^{M_1}\sum_{j=1}^{M_2}W(i,j)^2} \times \sqrt{\sum_{i=1}^{M_1}\sum_{j=1}^{M_2}W'(i,j)^2}}$$

其中,W 为原始水印,W' 为提取的水印,它们的大小为 $M_1 \times M_2$。

如果含水印音频未经过任何音频信号处理的攻击,提取出来的水印图像和原始图像的归一化系数一般都为 1.0;当含水印信息的隐写载体在传输过程中经过一些信号处理后,提取的水印图像和原始水印图像之间的归一化的系数会下降。当含水印信息的音频经过某种信号处理后提取的水印图像和原始水印图像之间的归一化系数越大,表明该算法抵抗该种音频信号处理能力的鲁棒性越强。

7.5.5　音频水印发展方向

数字音频水印技术是数字水印技术的一个重要方面。近几年,音频数字水印技术有了很大的发展,但也面临着许多难题,还有许多方面的问题可以深入研究。

(1)未来的数字水印嵌入算法应该能达到自适应控制。如结合对原始音频信号的预处理和分析,采用自适应策略,选择最佳的嵌入位置、嵌入算法、嵌入量等。

(2)现有的音频水印算法,在水印的嵌入和提取过程中考虑同步问题的不多,而同步问

题是水印能够正确提取的关键。如何在水印的嵌入过程中为水印提取提供行之有效的同步信息,是水印技术实际应用中必须考虑的关键问题。

(3)对音频信号的主观和定量的评价基准研究,以及对数字水印方案的评价基准研究。

(4)寻找与新一代压缩标准 MP3、MPEG、AC-3 相适应的数字音频水印算法,使其具有满意的数据嵌入量和鲁棒性,对音频水印技术的广泛应用具有重要的意义。

(5)在多媒体数据流中,研究音频与视频结合的数字水印,达到对多媒体数据的完整保护。

(6)当前研究的音频水印大多是稳健的数字水印,而脆弱性数字水印是解决数字媒体产品被盗版和篡改的一种有效的技术,可以进行深入的研究。

(7)对于实际网络环境下的数字水印应用,应重点研究数字水印的网络快速自动验证技术,这需要结合计算机网络技术和认证技术,减少音频水印的提取复杂性。

7.6 视频数字水印技术

随着视频的流行和广泛传播,视频已经成为最流行的传播载体之一,因此,对数字视频的版权保护、盗版跟踪、复制保护、产品认证等逐渐成为宽带内容市场和电子消费市场迫切需要解决的问题。数字水印在视频领域的应用近年来成为学术界和商业界共同关注的焦点。

7.6.1 视频水印的特点

视频是由一帧帧图像序列组成的,因此,视频和图像有相类似的地方,图像水印技术直接应用于视频是显而易见的。许多参考文献也有相关的报道,但是视频水印和图像水印又有一些重要差异。一是视频信息作为大容量、结构复杂、信息压缩等特征的载体,调整给定水印的信息和宿主信号的信息之间的比率,变得越来越不太重要了。二是可用信号空间不同。对于图像,信号空间非常有限,这就促使许多研究者利用 HVS 模型,使嵌入水印达到可视门限而不影响图像质量;而对视频来说,由于时间域掩蔽效应等特性在内的更为精确的人眼视觉模型尚未完全建立,在某些情况下甚至不能如静止图像那样充分使用基于 HVS 的模型,同时由于 MPEG 视频编码器和译码器中的运动补偿模式,那么在嵌入 I 帧时导致的一些失真也会破坏相邻的 P 帧和 B 帧,因水印而导致的视觉失真更难以控制。三是视频作为一系列静止图像的集合,会遭受一些特定的攻击,如帧平均、帧剪切、帧重组、掉帧、速率改变等。一个好的水印应该能够抵抗这些攻击,可以把水印信息分布在连续的几帧中,而且应该能从一个短序列中恢复全部水印信息。四是虽然视频信号空间非常大,但视频水印经常有实时或接近实时的限制,与静止图像水印相比,降低复杂度的要求更重要。同时现有的标准视频编码格式又造成了水印技术引入上的局限性。

基于以上差异,视频水印除了具备难以觉察性、稳健性外,还具有以下特征:

(1)复杂度。在某些应用中,水印嵌入和检测的复杂度是不对称的。水印嵌入应当复杂,以抵抗各种可能的攻击,而水印提取和检测基于实时应用应当简单。

(2)压缩域处理。视频数据通常以压缩的格式存储(MPEG-1、MPEG-2 等)。例如,在

VOD 服务器上,基于复杂度要求,更宜将水印加入压缩后的视频码流中,如果解码后加入水印再进行编码,计算量将相当大。

（3）恒定码率。加入水印不应该增加视频流码率。

（4）水印检测时不需要原始视频,因为保存所有的原始视频几乎是不可能的。

7.6.2　视频水印的分类

对图像水印的分类方法原则上也可以推广到对视频水印的分类。按嵌入策略分,视频水印可分为空间域和变换域两种;按水印特性分,可分为稳健性水印、脆弱性水印和半脆弱性水印;按嵌入位置分,可分为在未压缩域中嵌入、在视频编码器嵌入、在视频码流中嵌入;按水印的嵌入与提取是否跟视频的内容相关分,可分为与视频内容无关的第一代视频水印和基于内容的第二代视频水印方案;按视频载体采用的压缩编码标准分,可分为基于 MPEG1 或 MPEG2 标准的视频水印、基于 MPEG4 标准的视频水印和基于其他压缩标准,如 ASF、AVI、MOV、RA、RAM、DIVX 格式等的视频水印。

通过分析现有的数字视频编解码系统,视频水印根据嵌入的策略一般可以分成三种,在未压缩域中嵌入、在视频编码器中嵌入和在视频码流中嵌入,如图 7-14 所示。

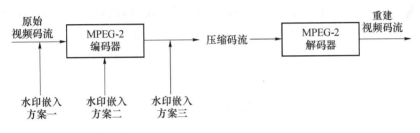

图 7-14　视频水印嵌入策略示意图

方案一是水印直接嵌入在原始视频流中。此方案的优点是:水印嵌入方法多,原则上图像水印方案均可应用于此,算法成熟,有稳健性水印、脆弱性水印等,可用于多种目的。缺点是:①经过视频编码处理后,会造成部分水印信息丢失,给水印的提取和检测带来不便;会增加数据比特率。②对于已压缩的视频,需先解码,嵌入水印后,再重新编码,算法运算量大、效率低,防攻击能力差。③第二代要复杂很多,主要仍然是统计不可见性和与内容同步嵌入,增强了防攻击能力,具有智能特性。

方案二是在视频编码器中嵌入水印。这种方案一般是通过修改编码阶段的 DCT 域中的量化系数,并且结合人类视觉特性嵌入水印。此方案的优点是:①水印仅嵌入在 DCT 系数中,不会增加数据比特率。② 易设计出抗多种攻击的水印。缺点是存在误差积累,嵌入的水印数据量低,没有成熟的三维时空视觉隐蔽模型,需要深入研究。

方案三是水印直接嵌入在视频压缩码流中。此方案的显著优点是没有解码和再编码的过程,提高了水印嵌入和提取的效率。缺点是压缩比特率的限制限定了嵌入水印的数据量的大小,嵌入水印的强度受视频解码误差的约束,嵌入后效果可能有可察觉的变化。这一设计策略受到相应视频压缩算法和视频编码标准的局限,例如恒定码率的约束。因此从算法设计角度具有一定难度。该类算法应具备的基本条件有:(1)水印信息的嵌入不能影响视频码流的正常解码和显示。(2)嵌入水印的视频码流仍满足原始码流的码率约束条件。(3)内嵌水印在体现视觉不易察觉性的同时,能够抗有损压缩编码。

前面讲的视频水印都是基于帧的视频水印方案。实际应用中,非法使用者常常并不使用整幅图像(帧),而只是剪切图像(帧)中某些有意义的对象来非法使用。由于这样,基于对象的视频水印的思想很早就产生了。另一方面,为了进一步提高视频压缩的效率,研究人员提出了基于对象的视频压缩算法,例如,已经制定出的 MPEG-4。MPEG-4 是一种高效的基于对象的视频压缩标准,有着广泛的应用前景,例如,移动通信中的声像业务、网络环境下的多媒体数据的集成以及交互式多媒体服务等。MPEG-4 的应用,使得对视频对象的操作变得更加容易,这样,对视频对象的保护显得更为迫切了,正因为如此,基于对象的视频水印迅速成为视频水印的一个热门研究方向。

本 章 小 结

从本章介绍的一些数字水印算法可以看出,数字水印算法多种多样,但是它们都能够从不同程度上满足数字水印的基本要求,即安全性、可证明性、不可感知性和稳健性。数字水印方面的研究发展速度很快,近年来有众多的研究论文涌现,而且目前已进入了初步实用化的阶段。但是用于版权保护的数字水印技术真正走上实用阶段,还有很多需要研究和解决的问题。

本 章 习 题

1. 检索最近两年的数字水印论文,写一篇阅读报告,总结一下近两年的研究重点是什么?

2. 查阅相关资料,实现在语音信号的相位中嵌入水印的算法,分析其特性。

3. 设计并实现一种 DCT 域的数字水印算法,分析其特性。

4. 根据图像小波变换的特点,设计并实现一种小波变换域的数字水印算法,分析其特性。

5. 视频水印的特点是什么?视频水印和图像水印的相同点是什么?

第 8 章

. . .

信息隐藏分析

任何科学技术都是一把双刃剑,隐写术也不例外。国家安全相关部门固然可以利用隐写术在不安全通信环境下传输秘密信息。但是随着网络技术的发展,越来越多的隐写工具可以非常方便地从网络上下载使用,这使得信息隐藏工具可能会被不法分子利用,比如恐怖分子也可利用隐写工具来隐藏秘密信息,通过网络传递。这些通过网络传播的秘密通信活动很难被发现,从而对国家的安全造成比较大的威胁。这就给恶意攻击者造成了可乘之机,恐怖分子和间谍机构也可利用这项技术逃避安全检查,从而危害社会安全。为保证对互联网信息的监控、遏制隐写术的非法应用、打击恐怖主义、维护国家和社会的安全,如何对信息网络中的海量多媒体数据进行隐蔽信息的监测,及时阻断可能存在的非法信息通信已成为一个迫切需要解决的问题。隐写分析是针对图像、视频和音频等多媒体数据,在对信息隐藏算法或隐藏的信息一无所知的情况下,仅仅是对可能携密的载体进行检测或者预测,以判断载体中是否携带秘密信息。隐写分析技术作为隐写术的对立技术,可以有效防止隐写术的滥用,在信息对抗中具有重要意义,对于隐写分析技术的研究也一直是信息隐藏领域的研究热点。

此外,根据隐写分析的研究成果,很多隐写算法被进一步改进以提高安全性。因此隐写分析技术也往往促进了隐写术的发展。可见,对隐写分析的研究具有重要理论价值和实用价值。

8.1 隐写分析分类

8.1.1 根据适用性

隐写分析根据隐写分析算法适用性可分为两类:专用隐写分析(Specific Steganalysis)和通用隐写分析(Universal Steganalysis)。专用隐写分析算法是针对特定隐写技术或研究对象的特点进行设计,这类算法的检测率较高,针对性强,但专用隐写分析算法只能针对某一种隐写算法。通用隐写分析,就是不针对某一种隐写工具或者隐写算法的盲分析。通用隐写分析方法在没有任何先知条件的基础下,判断音频载体中是否隐藏有秘密信息。通用隐写分析方法其实就是一个判断问题,就是判断文件是否隐藏了秘密信息。使用的方法是对隐藏秘密信息的载体和未隐藏秘密信息的载体进行分类特征提取,通过建立和训练分类器,判断待检测载体是否为隐写载体。这类算法适应性强,可以对任意隐写技术进行训练,但目前检测率普通较低,主要是很难找到对所有或大多隐写方案都稳定有效的分类特征。

8.1.2 根据已知消息

根据已知消息可分六种。

(1) 唯隐文攻击(Stego-only Attack):只有隐写对象可用于分析。

(2) 已知载体攻击(Known Cover Attack):可利用原始的载体对象和隐写对象。

(3) 已知消息攻击(Known Message Attack):在某一点,隐藏的消息可能为攻击者所知。分析隐写对象,寻找与隐藏的消息相对应的模式可用于将来对系统的攻击。即使拥有消息,这也是很困难的,其难度甚至等同于唯隐文攻击。

(4) 选择隐文攻击(Chosen Stego Attack):知道隐写工具(算法)和隐秘对象。

(5) 选择消息攻击(Chosen Message Attack):隐写分析研究者用隐写工具或算法从一个选择的消息产生隐写对象。这种攻击的目标是确定隐写对象中相应的模式。这些模式可能揭示所使用的特定的隐写工具或算法。

(6) 已知隐文攻击(Known Stego Attack):知道隐写工具(算法),可利用原始对象和隐写对象。

8.1.3 根据采用的分析方法

根据需要采用的分析方法可分三种。

(1) 感官分析:利用人类感知如清晰分辨噪音的能力来对数字载体进行分析检测,具体到音频隐写分析主要就是指靠人耳的听觉进行检测。因为大多数隐写算法透明性都比较好,单靠人耳的听觉系统很难检测出来,准确性比较低。

(2) 统计分析:将原始载体的理论期望频率分布和从可能是隐密的载体中检测到的样本分布进行比较,从而找出差别的一种检测方法。统计分析的关键问题在于如何得到原始载体数据的理论期望频率分布。

(3) 特征分析:由于进行隐写操作使得载体产生变化而产生特有的特征,这种特征可以是感官、统计或可度量的。通过度量特征分析信息隐藏往往还需要借助对特征度量的统计分析。

8.1.4 根据最终的效果

隐写分析根据最终效果可分为两种:一种是被动隐写分析(Passive Steganalysis);另一种是主动隐写分析(Active Steganalysis)。被动隐写分析,仅仅是判断多媒体数据中是否存在秘密信息,有一些被动隐写分析算法会尝试判断携密载体所采用的算法。主动隐写分析的目标是:估算隐藏信息的长度、估计隐藏信息的位置、猜测隐藏算法使用的密钥、猜测隐藏算法所使用的某一些参数,主动隐写分析的终极目标是提取隐藏的秘密信息。目前隐写分析的研究主要集中在被动隐写分析技术上,主动隐写分析技术难度较大,至今还没有深入的研究成果。

8.2　信息隐藏分析的层次

信息隐藏分析的目的有三个层次。第一,要回答在一个载体中,是否隐藏有秘密信息。第二,如果藏有秘密信息,提取出秘密信息。第三,如果藏有秘密信息,不管是否能提取出秘密信息,都不想让秘密信息正确到达接收者手中,因此,第三步就是将秘密信息破坏,但是又不影响伪装载体的感观效果(视觉、听觉、文本格式等),也就是说使得接收者能够正确收到伪装载体,但是又不能正确提取秘密信息,并且无法意识到秘密信息已经被攻击。

前面介绍过,信息隐藏算法,可以类似于密码设计,分为无密钥信息隐藏、私钥信息隐藏和公钥信息隐藏。信息隐藏的分析应该如何入手呢?既然信息隐藏的目的就是想方设法不引起怀疑,那么对所有正常和看似正常的信息传递,应如何下手进行分析呢?首先我们参考一下在密码分析中是如何做的。对密码破译者来说,可以使用的攻击方法有仅知密文攻击、已知明文攻击、选择明文攻击和选择密文攻击。在仅知密文攻击中,密码破译者只能得到加密的密文。在已知明文攻击中,密码破译者可能有加密的消息和部分解密的消息。选择明文攻击是对密码破译者最有利的情况,在这种情况下,密码破译者可以任意选择一些明文以及所对应的密文。如果再能获得加密算法和密文,密码破译者就能加密明文,然后在密文中进行匹配。选择密文攻击可用于推测加密密钥。密码分析的难点不是检测到已加密的信息,而是破译出加密的信息。

隐藏分析,需要在载体对象、伪装对象和可能的部分秘密消息之间进行比较。隐藏的信息可以加密也可以不加密,如果隐藏的信息是加密的,那么即使隐藏信息被提取出来了,还需要使用密码破译技术,才能得到秘密信息。

在信息隐藏分析中,可以类似于密码分析,定义如下隐藏分析方法。

(1) 仅知伪装对象攻击:只能得到伪装对象进行分析。

(2) 已知载体攻击:可以得到原始载体和伪装对象进行分析。

(3) 已知消息攻击:攻击者可以获得隐藏的消息。即使这样,攻击同样是非常困难的,甚至可以认为难度等同于仅知伪装对象攻击。

(4) 选择伪装对象攻击:已知隐藏算法和伪装对象进行攻击。

(5) 选择消息攻击:攻击者可以用某个隐藏算法对一个选择的消息产生伪装对象,然后分析伪装对象中产生的模式特征。它可以用来指出在隐藏中具体使用的隐藏算法。

(6) 已知隐藏算法、载体和伪装对象攻击:已知隐藏算法和伪装对象,并且能得到原始载体情况下的攻击。

即使定义了信息隐藏的几类分析方法,并假定攻击者有最好的攻击条件,提取隐藏的信息仍然是非常困难的。对于一些稳健性非常强的隐藏算法,破坏隐藏信息也不是一件容易的事情。

8.2.1　发现隐藏信息

从前一章介绍的信息隐藏技术来看,信息隐藏技术主要分为这样几大类:第一类是时域替换技术,它主要是利用了在载体固有的噪声中隐藏秘密信息;第二类是变换域技术,主要考虑在载体的最重要部位隐藏信息;第三类是其他常用的技术,如扩频隐藏技术、统计隐藏技术、变形技术、载体生成技术等。在信息隐藏分析中,当然应该根据可能的信息隐藏的方法,分析载体中的变化,来试图判断是否隐藏了信息。

对于在时域(或空间域)的最低比特位隐藏信息的方法,主要是用秘密信息比特替换了载体的量化噪声和可能的信道噪声。在对这类方法的隐藏分析中,在仅知伪装对象的情况下,只能从感观上感觉载体有没有降质,如看图像是不是出现明显的质量下降,对声音信号,听是不是有附带的噪声,对视频信号,观察是不是有不正常的画面跳动或者噪声干扰等。如果还能够得到原始载体(即已知载体攻击的情况下),可以对比伪装对象和原始载体之间的差别,这里,应注意区别正常的噪声和用秘密信息替换后的噪声。正常的量化噪声应该是高斯分布的白噪声,而用秘密信息替换后(或者秘密信息加密后再替换),它们的分布就可能不再满足高斯分布了,因此,可以通过分析伪装对象和原始载体之间的差别的统计特性,来判断是否存在信息隐藏。

在带调色板和颜色索引的图像中,调色板的颜色一般按照使用最多到使用最少进行排序,以减少查寻时间以及编码位数。颜色值之间可以逐渐改变,但很少以一比特增量方式变化。灰度图像颜色索引是以 1 bit 增长的,但所有的 RGB 值是相同的。如果在调色板中出现图像中没有的颜色,那么图像一般是有问题的。如果发现调色板颜色的顺序不是按照常规的方式排序的,那么也应该怀疑图像中有问题。对于在调色板中隐藏信息的方法,一般是比较好判断的。即使无法判断是否有隐藏信息,对图像的调色板进行重新排序,按照常规的方法重新保存图像,也有可能破坏掉用调色板方法隐藏的信息,同时对传输的图像没有感观的破坏。

对于用变换域技术进行的信息隐藏,其分析方法就不是那么简单了。首先,从时域(或空间域)的伪装对象与原始载体的差别中,无法判断是否有问题,因为变换域的隐藏技术,是将秘密信息嵌入在变换域系数中,也就是嵌入在载体能量最大的部分中,而转换到时域(或空间域)中后,嵌入信息的能量是分布在整个时间或空间范围中的,所以通过比较时域(空间域)中的伪装对象与原始载体的差别,无法判断是否隐藏了信息。因此,要分析变换域信息隐藏,还需要针对具体的隐藏技术,分析其产生的特征。这一类属于已知隐藏算法、载体和伪装对象的攻击。

另外,对于以变形技术进行的信息隐藏,通过细心的观察就可能发现破绽。例如,在文本中看到一些不太规整的行间距和字间距,以及一些不应该出现的空格或其他字符等。

对于通过载体生成技术产生的伪装载体,通过观察可以发现与正常文字的不同之处。例如,用模拟函数产生的文本,尽管它符合英文字母出现的统计特性,尽管能够躲过计算机的自动监控,但是人眼一看就会发现根本就不是一个正常的文章。对于用英语文本自动生成技术产生的文本,尽管它产生的每一个句子都是符合英文语法的,但是通过阅读就会发现问题。例如,句与句之间内容不连贯,段落内容混乱,通篇文章没有主题,内容晦涩不通,等等,它与正常的文章有明显的不同。因此通过人的阅读就会发现问题,意识到有隐藏信息存在。

另外,还有一些隐藏方法是在文件格式中隐藏信息的。例如,声音文件(＊. wav)、图像文件(＊. bmp)等,在这些文件中,先有一个文件头信息,主要说明了文件的格式、类型、大小等数据,然后是数据区,按照前面定义的数据的大小区域存放声音或图像数据。而文件格式的隐藏就是将要隐藏的信息粘贴在数据区之后,与载体文件一起发送。任何人都可以用正常的格式打开这样的文件,因为文件头没有变,而且读入的数据尺寸是根据文件头定义的数据区大小来读入的,因此打开的文件仍然是原始的声音或图像文件。这种隐藏方式的特点是隐藏信息的容量与载体的大小没有任何关系,而且隐藏信息对载体没有产生任何修改。它容易引起怀疑的地方就是,文件的大小与载体的大小不匹配,比如一个几秒钟的声音文件以一个固定的采样率采样,它的大小应该是可以计算出来的,如果实际的声音文件比它大许多,就说明可能存在以文件格式方式隐藏的信息。

另外,在计算机磁盘上的未使用的区域也可以用于隐藏信息,可以通过使用一些磁盘分析工具,来查找未使用的区域中存在的信息。

8.2.2　提取隐藏信息

如果察觉到载体中隐藏有信息,那么接下来的任务就是试图提取秘密信息。提取信息是更加困难的一步,首先,在不知道发送方使用什么方法隐藏信息的情况下,要想正确提取出秘密信息是非常困难的。即使知道发送方使用的隐藏算法,但是对伪装密钥、秘密信息嵌入位置等仍然是不知的,其困难可以说是等同于前一情况。再退一步,即使能够顺利地提取出嵌入的比特串,如果发送方在隐藏信息之前首先进行了加密,那么要想解出秘密信息,还需要完成对密码的破译工作。一般情况下,为了保证信息传递的安全,除了用伪装的手段掩盖机密信息传输的事实外,还同时采用了密码技术对信息本身进行保护,使用了双重安全保护。可见,要想从一个伪装对象中提取出隐藏的秘密信息,其难度有多大。

这里我们只能介绍一些可能的方法,对一些简单的隐藏进行信息提取。

一种是在时域(或空间域)中的 LSB 隐藏方法。将伪装对象的最低比特位(或者最低几个比特位)的数据提取出来,以显示明文信息。这里应该考虑到,发送方在信息隐藏时为了平衡隐藏信息的稳健性和安全性而可能选择的比特位,如果嵌入在最低比特位,它很容易受到一般噪声的影响,稳健性比较差;而隐藏在较高比特位中,又可能对感观的影响较大。例如,在 8 bit 灰度图像中,一般改变后四个比特位都不会影响人眼对图像的视觉效果。因此,在提取时,应该顺序检查最低的后四个比特位,并检查是在哪一个位平面上的隐藏,或者是在哪几个位平面上的隐藏。在这里,如果发送方是以明文方式隐藏的,那么还比较好识别;如果信息是加密后再隐藏,那就很难确定究竟哪些是隐藏的信息了。同时要想提取出秘密信息,首先需要进行密码破译。

而利用文件格式的隐藏方法,则比较容易提取。如果发现一个多媒体文件的大小比实际数据量大很多,则可以肯定是采用文件格式法隐藏了信息。根据文件的格式,找到粘贴额外数据的地方,就可以得到附带的秘密信息。如果秘密信息是加密的,则还需要破译密码。

8.2.3　破坏隐藏信息

在信息监控时,如果发现有可疑的文件在传输,但是又无法提取出秘密信息,无法掌握确凿的证据证明其中确实有问题,这时可以采取的对策是,让伪装对象在信道上通过,但是破坏掉其中有可能嵌入的信息,同时对伪装载体不产生感观上的破坏,使得接收方能够收到正常的载体,但是无法正确提取出秘密信息。这样也能够达到破坏非法信息秘密传递的目的。

对于以变形技术在文本的行间距、字间距、空格和附加字符中隐藏的信息,可以使用字处理器打开,将其格式重新调整后再保存,这样就可以去掉有可能隐藏的信息。在第二次世界大战中,检查者截获了一船手表,他们担心手表的指针位置隐含了什么信息,因此对每一个手表的指针都做了随机调整,这也是一个类似的破坏隐藏信息的方法。

对于时域(或空间域)中的 LSB 隐藏方法,可以采用叠加噪声的方法破坏隐藏信息,还可以通过一些有损压缩处理(如图像压缩、语音压缩等)对伪装对象进行处理,由于 LSB 方法是隐藏在图像(或声音)的不重要部分,经过有损压缩后,这些不重要的部分很多被去掉了,因此可以达到破坏隐藏信息的目的。

而对于采用变换域的信息隐藏技术,要破坏其中的信息就困难一些。因为变换域方法是将秘密信息与载体的最重要部分"绑定"在一起,比如在图像中的隐藏,是将秘密信息分散嵌入在图像的视觉重要部分,因此,只要图像没有被破坏到不可辨认的程度,隐藏信息都应该是存在的。对于用变换域技术进行的信息隐藏,采用叠加噪声和有损压缩的方法一般是不行的。可以采用的有效的方法包括图像的轻微扭曲、裁剪、旋转、缩放、模糊化、数字到模拟和模拟到数字的转换(图像的打印和扫描,声音的播放和重新采样)等,还可以采用变换域技术再嵌入一些信息等,将这些技术结合起来使用,可以破坏大部分的变换域的信息隐藏。

这里我们讨论破坏隐藏信息的方法,不是有意提倡非法破坏正常的信息隐藏,它主要有两个方面的作用。一方面,用于国家安全机关对违法犯罪分子的信息监控过程中,为了对付犯罪分子利用信息隐藏技术传递信息,可以采用破坏隐藏信息的手段。另一方面,是用于合法的信息隐藏技术的辅助手段,作为一个评估系统,来研究一个隐藏算法的稳健性。当我们研究信息隐藏算法时,为了证明其安全性,必须有一个有效的评估手段,检查其能否经受各种破坏,需要了解这一算法的优点何在,能够经受哪几类破坏,其弱点是什么,对哪些攻击是无效的,根据这些评估,才能确定一个信息隐藏算法适用的场合。因此,研究信息隐藏的破坏是研究安全的信息隐藏算法所必需的。

隐写术是以表面正常的数字载体,如文本、图像、音频、视频、网络协议和二进制可执行程序等作为掩护,将秘密信息隐藏在载体中,用于传递秘密信息以实现不为人知的隐蔽通信。隐写术的目标是隐藏秘密信息存在的事实。

随着网络技术的发展,互联网上提供了很多隐写工具供下载,越来越多的隐写工具可以非常方便地从网络上下载使用。目前在因特网上已经发布近 300 种隐写软件,其中北美占60%,欧洲占 30%,其他国家占 10%。这些隐写工具中有在 TXT 文本文件、HTML 网页文件和 PDF 格式文件中隐藏秘密信息的 Wbstego;有在黑白、灰度和彩色图像中隐藏秘密信息的 hide and seek;有在 JPEG 图像中隐藏秘密信息的 JSteg、OutGuess 和 F5 等;有在 MP3 音频文件中隐藏秘密信息的 MP3Stego 软件;有在 Wav 格式的音频文件、GIF 和 BMP 格式的图像文件中隐藏秘密信息的 S-Tools 软件;有在网络 TCP/IP 协议中隐藏秘密信息的 Covert. tcp 等。

任何科学技术都是一把双刃剑,隐写术也不例外。一方面政府和国家安全部门可以使用这些隐写工具来隐藏秘密信息用于隐蔽通信,但同时这些隐写工具也给恶意攻击者带来了可乘之机,这些隐写工具可能会被不法分子利用。例如,恐怖分子可以利用隐写工具来隐藏秘密信息,这些恐怖分子通过网络使用隐写工具来传递秘密信息的活动很难被发现,从而对国家的安全造成比较大的威胁。

为保证对互联网信息的监控、遏制信息隐藏技术的非法应用、打击恐怖主义、维护国家和社会安定,如何对信息网络中的海量多媒体数据进行隐蔽信息的监测,及时阻断可能存在的非法隐蔽通信已成为一个迫切需要解决的问题。隐写分析技术作为隐写术的对立技术,可以有效防止隐写术的滥用,在信息对抗中具有重要意义。隐写分析技术从 20 世纪 90 年代快速发展以来,也一直是信息隐藏领域的研究热点。隐写分析主要是针对图像、视频和音频等多媒体数据,通过隐写分析算法,对可能携密的载体进行检测或者预测,以判断待检测载体中是否隐藏秘密信息,甚至仅仅是隐藏秘密信息的可能性。

8.3　隐写分析评价指标

现有参考文献对隐写分析涉及的对象,性能指标描述不一致,本节先介绍隐写和隐写分析系统(参考图 8-1)。隐写载体经过不安全的信道,可能会遭受蓄意和非蓄意攻击。非蓄意攻击包括信道噪声,传输过程编码转换引入的噪声等。蓄意攻击包括主动和被动攻击。主动攻击的思路是,无论载体是否携带秘密信息,都对其引入不显著影响其感官价值的噪声,干扰可能存在的保密通信。隐写分析属于被动攻击,尝试判定待检测载体是否是隐写载体。

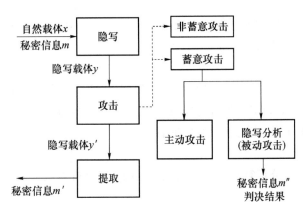

图 8-1　隐写与隐写分析系统

因为主动隐写的算法和成果非常少,这里仅仅讨论被动隐写分析方法的评价,一般采用准确性、适用性、实用性和复杂度四个指标来衡量。

1. 准确性

准确性是指检测的准确程度,是衡量隐写的一种评价指标。现有隐写分析算法性能指标不统一。早期国外参考文献多使用 False Positive 和 False Negative 来描述隐写分析算法性能。这两个词广泛应用于计算机领域,尤其是模式识别,前者指错误地将不属于分类的对象判定为属于分类,就隐写分析而言,是将自然载体判定为隐写载体;后者指错误地将属于分类的对象判定为不属于分类,就隐写分析而言,指将隐写载体判定为自然载体。国内参考文献还使用了错误率、错判、漏判等词汇。本书采用以下约定:

N 为一次测试的样本集大小(自然音频数和隐写音频数之和);N_T 为正确判决次数;N_{FP} 为虚警次数(将自然音频错误判决为隐写音频的次数);N_{FN} 为漏检次数(将隐写音频错

误判决为自然音频的次数），则有下式

错误判决次数

$$N_F = N_{FP} + N_{FN}$$

正确率

$$R_T = \frac{N_T}{N}$$

虚警率

$$R_{FP} = \frac{N_{FP}}{N}$$

漏检率

$$R_{FN} = \frac{N_{FN}}{N}$$

错误率

$$R_F = \frac{N_F}{N} = R_{FP} + R_{FN}$$

隐写分析要求在尽量减少虚警率和漏检率的前提下取得最佳检测正确率。在虚警率和漏检率的减少无法兼顾的情况下，首先减少漏检率。

2. 适用性

适用性是指分析算法对不同的隐写算法的有效性。适用性可以用检测算法能有效地检测多少种和多少类隐写算法来衡量。

3. 实用性

实用性是指分析算法可以实际推广应用的程度，可由实现条件是否允许、分析结果是否稳定、自动化程度的高低和实时性等进行衡量。其中实时性可以用隐写分析算法进行一次隐写分析所用时间来衡量，用时越短则实时性越好。

4. 复杂度

复杂度是针对隐写分析算法本身而言的，可由隐写分析算法实现需要的资源开销和软硬件条件来衡量。

到目前为止，没有任何参考文献就隐写分析的这四个指标给出一个定量的标准或者度量标准，只能通过不同的算法之间的比较相对进行评判。同时这四个性能指标之间相互制约。准确性和适用性之间就相互制约，当某一个算法的准确性较高时候，这种算法或许只能是针对某一种或者某几种隐写算法，适用性较差。当某一种算法适用性较好时，这种算法的准确性可能就较差。当采用高阶或者更多统计特征进行分析的隐写分析算法，算法的复杂度会提高，同时将会更加有效地检测出秘密信息，增加算法的准确性，但是算法的实时性就比较差，算法所需要的资源和占用的时间就会越来越长。因此，在比较不同的隐写分析算法时，需要综合考虑这几个指标。

隐写分析算法性能指标与隐写的强度关系密切。算法修改的载体样点越多，检测的难度就越低。因此，早期 LSB 隐写分析算法的性能总是在隐写率（用于隐藏秘密信息的样点数/载体样点总数）或嵌入效率（隐藏的秘密信息总数/载体样点总数）基础上评价的。这种评价方式的缺陷在于两个方面。第一，改变相同的样点数，改变的方法不同，自然载体的变化程度就不同,例如,修改 DCT 直流系数,虽然影响了所有的样点,但改变的仅是均值,样点间的相对关系没有发生变化,这种变化不一定比只修改若干样点的样点值容易检测。第二,即使修改的样点数相同,修改的程度不一样,载体的变化程度也是不同的。以 LSB 类算法为例,同样修改 10 个样点,修改最低比特和修改次低比特对检测的难易程度不一样。

根据统计,在一般的骨干网络上,BMP、JPEG 和 GIF 三种图像格式数据传输占的比重较大,图像隐写分析取得的成果比较多,许多图像隐写分析方法对音频隐写分析有指导作用,甚至有些分析方法对音频隐写也有效,如卡方检测和 RS 分析。

但是,音频隐写有其固有特点。首先是音频分段,音频隐写算法通常将信号分为若干分段,在每个分段中依次嵌入秘密信息。因此检测秘密信息时,首先需要确定隐写算法的分段大小。图像隐写算法,通常选择 8×8 的像素块隐藏秘密信息,音频则不同。根据音频的短视平稳特性,音频分段长度一般可在 10~30 ms 之间,隐写算法具体选择多大分段长度,分析算法需要在较大的范围内检测。其次是音频值域,图像在时域隐藏秘密信息时,无论是彩色图还是灰度图,像素值都是非负的。音频的常见格式中,除去无符号 8 bit 量化精度格式外,其他都是有符号量化值。

8.4　信息隐藏分析示例

8.4.1　LSB 信息隐藏的卡方分析

隐写术和隐写分析技术从本质上来说是互相矛盾的,但是两者实际上又是相互促进的。隐写分析是指对可疑的载体信息进行攻击以达到检测、破坏,甚至提取秘密信息的技术,它的主要目标是揭示媒体中隐藏信息的存在性,甚至只是指出媒体中存在秘密信息的可疑性。

图像 LSB 信息隐藏的方法是用嵌入的秘密信息取代载体图像的最低比特位,原来图像的 7 个高位平面与代表秘密信息的最低位平面组成含隐蔽信息的新图像。虽然 LSB 隐写在隐藏大量信息的情况下依然保持良好的视觉隐蔽性,但使用有效的统计分析工具可判断一幅载体图像中是否含有秘密信息。

目前对于图像 LSB 信息隐藏主要分析方法有卡方分析、信息量估算法、RS 分析法和 GPC 分析法等。本节介绍卡方分析方法。卡方分析的步骤是:

设图像中灰度值为 j 的像素数为 h_j,其中 $0 \leqslant j \leqslant 255$。如果载体图像未经隐写,$h_{2i}$ 和 h_{2i+1} 的值会相差得很远。秘密信息在嵌入之前往往经过加密,可以看作是 0、1 随机分布的比特流,而且值为 0 与 1 的可能性都是 1/2。如果秘密信息完全替代载体图像的最低位,那么 h_{2i} 和 h_{2i+1} 的值会比较接近,可以根据这个性质判断图像是否经过隐写。下面定量分析载体图像最低位完全嵌入秘密信息的情况。嵌入信息会改变直方图的分布,由差别很大变得近似相等,但却不会改变 $h_{2i}+h_{2i+1}$ 的值,因为样值要么不改变,要么就在 h_{2i} 和 h_{2i+1} 之间改变。令 $h_{2i}^* = \dfrac{h_{2i}+h_{2i+1}}{2}$,$q = \dfrac{h_{2i}-h_{2i+1}}{2}$,显然这个值在隐写前后是不会变的。

如果某个样值为 $2i$,那么它对参数 q 的贡献为 $1/2$;如果样值为 $2i+1$,对参数 q 的贡献

为 $-1/2$。载体音频中共有 $2h_{2i}^*$ 个样点的值为 $2i$ 或 $2i+1$，若所有样点都包含 1 bit 的秘密信息，那么每个样点为 $2i$ 或 $2i+1$ 的概率就是 0.5。当 $2h_{2i}^*$ 较大时，根据中心极限定理，下式成立。

$$\frac{h_{2i}-h_{2i+1}}{\sqrt{2h_{2i}^*}}=\sqrt{2}\cdot\frac{h_{2i}-h_{2i}^*}{\sqrt{h_{2i}^*}}\rightarrow N(0,1) \tag{8-1}$$

其中，$\rightarrow N(0,1)$ 表示近似服从正态分布。因此

$$r=\sum_{i=1}^{k}\frac{(h_{2i}-h_{2i}^*)^2}{h_{2i}^*} \tag{8-2}$$

服从卡方分布。式(8-2)中，k 等于 h_{2i} 和 h_{2i+1} 所组成数字对的数量，h_{2i}^* 为 0 的情况不计在内。r 越小表示载体含有秘密信息的可能性越大。结合卡方分布的密度计算函数计算载体被隐写的可能性为

$$p=1-\frac{1}{2^{\frac{k-1}{2}}\Gamma\left(\frac{k-1}{2}\right)}\int_0^r\exp\left(-\frac{t}{2}\right)t^{\frac{k-1}{2}-1}\mathrm{d}t \tag{8-3}$$

如果 p 接近于 1，则说明载体图像中含有秘密信息。

8.4.2 基于 SPA 的音频隐写分析

LSB 隐写分析方法有很多种，本节介绍一种抽样对分析(Sample Pairs Analysis,SPA)方法(参见参考文献[95])来分析音频文件是否经过 LSB 隐写。在 SPA 算法中，要用到 RS 算法中所定义的函数，即下式

$$f(x_1,x_2,\cdots,x_n)=\sum_{i=1}^{n-1}|x_{i+1}-x_i| \tag{8-4}$$

在这里定义该函数为 $f(G)$，用 $f(G)$ 函数来描述信号的时域相关性。在音频信号中，相邻抽样值对之间有很高相关性。因此选择相邻的抽样值对 (x_i,x_{i+1}) 来构成一个抽样组。在 LSB 隐写之后，函数 $f(G)$ 的期望值变为

$$\begin{aligned}E(f'(G))&=E\left(\sum_{i=1}^{n-1}|x'_i-x'_{i+1}|\right)\\&=\sum_{i=1}^{n-1}E(|x'_i-x'_{i+1}|)\\&=\sum_{i=1}^{n-1}E(|x'_i-x'_{i+1}|-|x_i-x_{i+1}|)\end{aligned} \tag{8-5}$$

函数 $f(G)$ 的期望值变化为

$$E(f'(G))-E(f(G))=\sum_{i=1}^{n-1}(E(|x'_i-x'_{i+1}|)-E(|x_i-x_{i+1}|)) \tag{8-6}$$

在 LSB 隐写过程中(假设隐写率为 α)，若秘密信息随机地嵌入到音频载体中，抽样值对 (x_i,x_{i+1}) 将会有四种变化模型。

(1) 10 模型：x_i 变化，x_{i+1} 不变化；$p(10)=\alpha/2-\alpha^2/4$。

(2) 01 模型：x_{i+1} 变化，x_i 不变化；$p(01)=\alpha/2-\alpha^2/4$。

(3) 11 模型：x_i 和 x_{i+1} 都变化；$p(11)=\alpha^2/4$。

（4）00 模型：x_i 和 x_{i+1} 都不变化；$p(00)=(1-\alpha/2)^2$。

假设抽样值用 B 比特的二进制表示，令 Y 为抽样值最重要的 $B-1$ 比特值，U 为 LSB 比特的值。因此，$X=2Y+U$。这样就能表示为：$x_i=2n+k$，$x_{i+1}=2m+j$。在表 8-1 中对 $c=E(|x_i'-x_{i+1}'|)-E(|x_i-x_{i+1}|)$ 进行统计。

表 8-1　函数 $f(G)$ 的期望值变化

$n>m$	$n=m$	$n<m$
$k=0,j=0$	$k=0,j=0$	$k=0,j=0$
0	$\alpha-\alpha^2/2$	0
$k=0,j=1$	$k=0,j=1$	$k=0,j=1$
α	$\alpha^2/2-\alpha$	$-\alpha$
$k=1,j=0$	$k=1,j=0$	$k=1,j=0$
$-\alpha$	$\alpha^2/2-\alpha$	α
$k=1,j=1$	$k=1,j=1$	$k=1,j=1$
0	$\alpha-\alpha^2/2$	0

实验数据表明，$k=0,j=1,n>m$ 的抽样值对的数量和 $k=1,j=0,n>m$ 的抽样值对的数量近似相等，而且，$k=0,j=1,n<m$ 抽样值对的数量和 $k=1,j=0,n<m$ 的抽样值对的数量也近似相等。因此，这些对于式(8-6)不会有任何影响。由于 LSB 隐写方式并不会改变 n 和 m 的值，因此式(8-6)的变化主要是由那些 $n=m$ 的抽样值对引起的。同时，$k=0$，$j=0$ 和 $k=1$，$j=1$ 的抽样值对的数量要大于 $k=0,j=1$ 和 $k=1,j=0$ 的抽样值对的数量，因此式(8-6)值为正，也就是说，LSB 隐写会增大 $f(G)$ 的值。因此，本节将会集中分析 $n=m$ 时的抽样值对的情况。

对于 B 比特的音频信号，LSB 隐写嵌入的过程并不会引起抽样值前面 B-1 比特的变化，也就是说，m 和 n 不会改变。对于没有秘密信息的音频信号，当 $n=m$ 时抽样值对(x_i，x_{i+1})有四种情况：b_0 代表 $k=0,j=0$ 的值对，b_1 代表 $k=0,j=1$ 的值对，b_2 代表 $k=1,j=0$ 的值对，b_3 代表 $k=1,j=1$ 的值对。在 LSB 隐写嵌入之后，当 $n=m$ 时抽样值对(x_i，x_{i+1})同样也有四种情况，分别用 b_0'，b_1'，b_2'，b_3' 代表。抽样值对(x_i，x_{i+1})有四种变化模式 01，10，11，00。可通过构造一个有限状态机来模拟抽样对序列的变化情况，如图 8-2 所示。

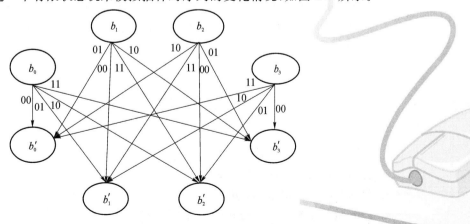

图 8-2　描述状态变化的有限状态机

用式(8-7)～式(8-10)来反映序列 b_0, b_1, b_2, b_3 和 b_0', b_1', b_2', b_3' 的相关性。符号 $||$ 代表抽样对序列的基数。

$$|b_0'| = (1-\alpha/2)^2 |b_0| + (\alpha/2-\alpha^2/4)|b_1| + (\alpha/2-\alpha^2/4)|b_2| + (\alpha^2/4)|b_3| \tag{8-7}$$

$$|b_1'| = (\alpha/2-\alpha^2/4)|b_0| + (1-\alpha/2)^2 |b_1| + (\alpha^2/4)|b_2| + (\alpha/2-\alpha^2/4)|b_3| \tag{8-8}$$

$$|b_2'| = (1-\alpha/2)^2 |b_0| + (\alpha/2-\alpha^2/4)|b_1| + (\alpha/2-\alpha^2/4)|b_2| + (\alpha^2/4)|b_3| \tag{8-9}$$

$$|b_3'| = (\alpha/2-\alpha^2/4)|b_0| + (1-\alpha/2)^2 |b_1| + (\alpha^2/4)|b_2| + (\alpha/2-\alpha^2/4)|b_3| \tag{8-10}$$

对于 $n=m+1, k=0, j=1$ 值对 (x_i, x_{i+1})（d_1 用到的）和 $n=m-1, k=1, j=0$ 值对 (x_i, x_{i+1})（d_2 用到的），发现在 LSB 隐写之前，$|b_1| |b_2| |d_1| |d_2|$ 近似相等（都用 $|b|$ 来表示），在 LSB 隐写之后 $|d_1| |d_2|$ 几乎不变。因此能够通过计算 $|d_1|$ 或者 $|d_2|$ 来得到 $|b|$。因此式(8-7)～式(8-10)变成如下所示。

$$\left.\begin{array}{l} |b_0'| = \left(1-\dfrac{\alpha}{2}\right)^2 |b_0| + \left(\alpha-\dfrac{\alpha^2}{2}\right)|b| + \left(\dfrac{\alpha^2}{4}\right)|b_3| \\[2mm] |b'| = \left(\dfrac{\alpha}{2}-\dfrac{\alpha^2}{4}\right)|b_0| + \left(1-\alpha+\dfrac{\alpha^2}{2}\right)|b| + \left(\dfrac{\alpha}{2}-\dfrac{\alpha^2}{4}\right)|b_3| \\[2mm] |b_3'| = \left(\dfrac{\alpha^2}{4}\right)|b_0| + \left(\alpha-\dfrac{\alpha^2}{2}\right)|b| + \left(1-\dfrac{\alpha}{2}\right)^2 |b_3| \end{array}\right\} \tag{8-11}$$

通过求解上面的方程可以得到隐写率 α：

$$\alpha = 1 - \sqrt{1-\frac{k_2}{k_1}} \tag{8-12}$$

其中，$k_1 = |b_0'| + |b_3'| + 2|b'| - 4|b|$，$k_2 = 4|b'| - 4|b|$。

本 章 小 结

信息隐藏分析是一块待开发的处女地，也是一块难啃的硬骨头。研究信息隐藏分析，必须熟悉常用的信息隐藏方法，而信息隐藏分析的进展，也对研究更好的信息隐藏算法起到非常大的促进作用。

本 章 习 题

1. 隐写分析的目标是什么？
2. 隐写分析的三个层次是什么？
3. 隐写分析的评价指标有哪些？
4. LSB 信息隐藏的卡方分析的原理是什么？

第 9 章

数字水印的攻击

随着水印技术的出现,对水印的攻击就同时出现了。水印的目的,是为了保护多媒体数字产品不被盗用、篡改、仿冒等,而对水印的攻击,就是试图通过各种方法,使得水印无效。比如,抹去多媒体数字产品中的水印;或者水印虽然存在,但是攻击使得水印提取算法失效;或者在作品中再加入一个或多个水印,使得对水印的解释发生歧义,导致水印失效。因此,对水印的攻击有各种各样的方法,总的目的就是使得水印无法实现对多媒体数字产品的保护作用。

另一方面,研究各种可能的水印攻击方法,也是提高水印性能的一个重要手段。正如矛和盾之间的关系一样,了解矛的工作原理和性能,才能研究出更好的、可以抵抗此矛的盾。设计性能好的、实用的水印算法,必须要了解各种可能的攻击,设计针对具体应用的、能够抵抗各种攻击的水印算法。从前面几章介绍的一些具体水印算法看,都提到了该算法能够抵抗哪些攻击,对哪些攻击无效等。这些都有助于我们研究更好的水印算法。

9.1　数字水印攻击的分类

在数字水印的基本原理章节中给出了数字水印的分类,而水印的攻击当然与各类水印密切相关。水印从载体上分,可以分为静止图像水印、声音水印、文档水印和软件水印;从外观上分,又可分为可见水印和不可见水印,其中不可见水印又分为稳健的水印和脆弱的水印;从水印算法上分,可分为空间域水印和变换域水印。

对水印的攻击可分为四类。

- 去除攻击:是最常用的攻击方法。它主要攻击稳健性的数字水印。它试图削弱载体中的水印强度,或破坏载体中的水印存在。
- 表达攻击:试图使水印检测失效。它并没有去除水印,而是将水印变形,使得检测器检测不出来。
- 解释攻击:通常通过伪造水印来达到目的。比如使得载体中能够提取出两个水印,造成原来的水印无法代表任何信息。
- 法律攻击:主要是利用法律上的漏洞。

对水印的攻击中,又可分为恶意攻击和非恶意攻击。所谓非恶意攻击,是指水印载体受到一些正常的变换,如压缩、重新编码、格式转换等,它们不是以去除水印为目的,但是它们确实对载体进行了改动。而恶意攻击是以去除水印为目的,它们是在保证数字载体仍然能够使用的情况下,尽可能地消除水印。

9.1.1 去除攻击

去除攻击是研究稳健性数字水印算法的一个重要的辅助手段。通常设计一个稳健的数字水印,都要检验其能够抵抗哪些稳健性攻击,或者各种攻击的组合。本节集中介绍常见的各种稳健性攻击。常见的稳健性攻击可以分为有损压缩和信号处理技术两个方面。

1. 有损压缩

对于多媒体信号来说,为了实现在网络上的快速传递和有效保存,通常需要对它进行压缩,在不影响使用效果的情况下,经常进行较大压缩比的有损压缩。对于图像而言,常见的是 JPEG 压缩,而对于视频而言,主要是 MPEG 压缩。压缩处理通常都是非恶意的攻击。

2. 信号处理技术

信号处理技术也是最常用到的攻击手段,它们有可能是非恶意的攻击,但是也有可能被用来做恶意的攻击。

- 低通滤波:包括线性和非线性滤波。通常,人的视觉和听觉对高频的变化不是十分敏感,因此在不影响图像或声音的使用的情况下,可以适当进行低通滤波,以滤除高频成分,减少占用的带宽。如果水印是嵌入在载体的高频部分,则容易被去除。
- 添加噪声:加性噪声和非相关的乘性噪声在通信理论和信号处理理论中都有大量的描述,添加这类噪声也是检测水印抗攻击能力的一个重要方面。
- 锐化:这是图像处理的标准功能,它是对图像的边缘进行锐化和增强。如果水印的嵌入是修改了高频成分,则采用锐化攻击是非常有效的。
- 直方图修改:它包括直方图的伸张或均衡,有时用于补偿亮度不足的情况。
- Gamma 校正:经常使用来改善图像或调整图像显示,如图像扫描后的处理。
- 颜色量化:它主要应用在把图像转化成图形交换格式(GIF)的情形。颜色量化通常结合抖动来分散量化误差。
- 修复:它通常用于减少某种具体降质处理对图像的影响。当然也可以用来对由于加入水印而引入的未知噪声的处理。
- 统计均衡和共谋攻击:假定有同一个图像嵌入不同水印的多个复件,攻击者对所有的图像进行平均以去除其中的水印,或对这些图像进行剪切、重新拼凑组合来消除水印。
- Oracle 攻击:在有公开检测器的情况下,攻击者能不断地尝试少量地修改图像,直到检测器不能再检测到水印为止,利用这种方式来擦除水印。

9.1.2 表达攻击

表达攻击与去除攻击的不同之处在于,它并不需要去除载体中的水印,而是通过各种办法使得水印检测器无法检测到水印的存在。

几何变换在数字水印的攻击中扮演了重要的角色,而且许多数字水印算法都无法抵抗某些重要的几何变换攻击。因此研究能够抵抗重要的几何变换攻击的数字水印算法也是当前研究的热点。常见的几何变换如下。

- 水平翻转:许多图像都能够翻转,而不损失任何像素值。尽管抗图像翻转能很方便地实现,但现在却很少有系统能抵抗这种攻击。

- 裁剪:许多情况下,盗版者只对图像的重要部分感兴趣。而当图像受到裁剪,就有可能导致一些水印方案失效。

- 旋转:通常对图像进行小角度的旋转,再结合适当的裁减,使得处理后的图像的商业价值没有受到太多的影响,但却能够严重地破坏水印的检测,因为旋转造成了图像像素的重新排列。

- 缩放:当扫描一个已打印图像,或把高分辨率的图像放到网上发布时,就必然经过缩放处理。图像经过缩放后,会影响到水印的提取,它考验了水印嵌入算法的稳健性。

- 行、列删除:在一幅图像中,随机地删除某些行和某些列,对图像的视觉效果不会产生影响。但是它对水印的提取却有很大的影响。特别是对在空间域直接利用扩展频谱技术实现的水印方案具有很强的攻击力。通常在伪随机序列中规则地去掉 k 个样本值,结果它与原序列的互相关峰值会缩小 k 倍。

- 普通几何变换:它通常结合了缩放、旋转和剪切等处理。

- 打印-扫描处理:即数字图像经过数-模转换和模-数转换。经过打印和扫描处理后,得到的数字图像与原始数字图像相比,会受到偏移、旋转、缩放、剪切、加噪、亮度改变等的集体影响。

- 随机几何变形:图像被局部的拉伸、剪切和移动,然后对图像利用双线性或 Nyquist 插值进行重采样。它是水印鲁棒性测试软件 StirMark 主要采用的方式,一般认为,不能抗随机几何变形,就不能算是好的水印方案。

还有一类攻击方法是针对 Webcrawler 的。Webcrawler 是一个自动版权盗版检测系统,它从网上下载图片,并检查是否含有水印。针对它的攻击方法是,将一个嵌入了水印的图像切成许多小块,这些小块在 Web 页上按相应的 HTML 标记再组装起来。Webcrawler 只能去查看每个图像小块,但由于这些小块太小而无法容纳任何完整的水印数据,因此,Webcrawler 无法发现水印。该攻击方法实际上并未导致任何图像质量的下降,因为图像像素值被完全地保留了,只是对检测器进行了欺骗。

对于任何需要精确同步的水印方案,有效的攻击方法就是使得水印检测器无法取得同步。如在图像中随机添加或者删除行、列,在视频中删除帧或者进行帧重排等。

9.1.3　解释攻击

解释攻击既不试图擦除水印,也不试图使水印检测无效,而是使得检测出的水印存在多个解释。例如,一个攻击者试图在同一个嵌入了水印的图像中再次嵌入另一个水印,该水印有着与原所有者嵌入的水印相同的强度,由于一个图像中出现了两个水印,所以,导致了所有权的争议。

Craver 给出了解释攻击的一个例子。水印技术的嵌入过程可用公式表达为:$I_w = I + W$,此公式的意义是一幅图像 I 加载了由足够小的值构成的水印 W 而图像无明显的降质,得到的嵌入了水印的图像是 I_w。嵌入过程中,可以根据不同的规则插入水印,而且可以在图像的不同空间位置上和在变换域不同的区域嵌入水印。假定所有者 A 将原图像 I 和水印 W 秘密存储起来,仅发布嵌入了水印的 I_w。这样,要检测一个被怀疑的图像 I' 时,检测算法是这样工作的:从被怀疑图像中减去 I 而提取出水印,即 $W' = I' - I$。然后对提取出的

水印同原水印 W 计算相关,$C(W,W')$,以衡量它们之间的相似程度。

在进行解释攻击时,攻击者 B 将水印插入过程逆向运用,即他的攻击是减去一个水印。B 计算原图像 $I_B = I_w - W_B$,声称 I_B 是他的"原图像"(由于 W_B 足够小,I_B 和 I_w 之间无明显的差异),W_B 是 B 的水印。为了区别清楚,将 A 的原图像和水印分别用 I_A 和 W_A 来表示,而 B 的原图像和水印是 I_B 和 W_B。现在,A 和 B 都可以声称他们用各自的原图像和水印而产生了插入了水印的图像 I_w。A 和 B 还可以用他们各自的原图像和水印来检测对方所产生的插入了水印的图像 I_w。A 所进行的检测过程可用公式表达:

$$N_A = I_B - I_A = W_A - W_B$$
$$P_A = C(N_A, W_A) = C(W_A - W_B, W_A)$$

而 B 所进行的检测过程类似地也可用公式表达:

$$N_B = I_A - I_B = W_B - W_A$$
$$P_B = C(N_B, W_B) = C(W_B - W_A, W_B)$$

这样,P_A 代表了 A 的水印出现在 B 声称的原图像 I_B 中,而 P_B 则代表了 B 的水印出现在 A 声称的原图像 I_A 中。即:在 I_B 中有 W_A,而在 I_A 中有 W_B。这样,形成了死锁,无法判断哪个是原始图像,哪个是盗版者。

从上例可见,解释攻击中,攻击者并没有除去水印而是在原图像中"引入"了他自己的水印,从而使原作者的水印失去了唯一性的作用。在这种情况下,攻击者同原作者一样拥有所发布图像的所有权的水印证据。

9.1.4　法律攻击

法律攻击同前三种攻击都不同,前三种可以称为技术性的攻击,而法律攻击则完全不同。攻击者希望在法庭上利用此类攻击,它们的攻击是在水印方案所提供的技术或科学证据的范围之外而进行的。法律攻击可能包括现有的及将来的有关版权和有关数字信息所有权的法案。

9.2　水印攻击软件

水印技术的发展促进了水印攻击的研究,反过来攻击方法的成熟又加速了水印技术的发展。目前有许多水印攻击软件,有些已经成为水印攻击软件的典范和对水印算法的测试基准,这里介绍几种水印攻击软件。

Unzign 是一个用于 JPEG 格式图像的实用程序。在版本 1.1 中,Unzign 引入了与微小图像变换相结合的像素抖动。根据所研究的水印嵌入技术,该工具能比较有效地去除或破坏嵌入的水印。然而,除了去除水印之外,Unzign 1.1 版往往会引入不可接受的人为痕迹。现已发布了改进的 1.2 版本。尽管减少了人为痕迹的引入,但同时也降低了破坏水印的性能。

StirMark 最早是一个用于测试图像水印技术鲁棒性的工具。它是 Petitcolas 在英国剑桥大学攻读博士学位期间开发的,第一版在 1997 年发布后,从 1.0,2.2,2.2b,2.3,3.0,3.1 版,到现在的 4.1 版,StirMark 在水印界获得了极大的关注,它成为目前最为广泛使用的用于水印攻击的基准测试工具。StirMark 对给定的一幅加了水印的图像进行测试,就能生成许多修改后的图像,以此来验证嵌入的水印是否仍能被检测到。

StirMark 目前还提供了少量对音频水印技术的攻击工具,并且也在不断的完善当中,参考文献[65]介绍了 StirMark 在音频水印方面的自动评估工具的研究。

CheckMark 是由 Pereira 等人开发的,它是一种基准测试工具,是在 UNIX 或 Windows 平台下运行于 Matlab 上用于数字水印技术的一组基准套件。CheckMark 根据 StirMark 改写了全部的攻击类,还包括了一些未在 StirMark 中提出的攻击;而且它还考虑了水印应用,这意味着从单个攻击评估得出的分数将根据它们对于一个给定的水印用途的重要性进行加权;因此它提供了一种更好地评估水印技术的有效工具。与 StirMark 相比,CheckMark 添加了新的质量测量功能方法——加权 PSNR 和 Watson 测量方法;以灵活的 XML 格式输出和生成 HTML 结果表格;应用驱动评估,特别是用于算法的快速测试的非几何应用,其算法不包括同步机制;容易将 Matlab 上的单个攻击用于测试。

OptiMark 是用于静止图像数字水印算法的一个基准测试工具。它与 StirMark 和 CheckMark 不同之处是,OptiMark 具有图形界面,它能利用不同的水印密钥和信息,使用多重测试进行检测/解码性能评估。OptiMark 针对水印检测器给出的不同结果(浮点结果或二值结果),相应给出不同的对解码性能的测量方法、平均嵌入和检测时间、算法有效载荷以及某一攻击和某一性能标准的算法崩溃极限的评估。

StirMark、CheckMark 和 OptiMark 支持的主要攻击类型(图像水印)比较如表 9-1 所示。

表 9-1　主要攻击类型的比较

攻击类型	StirMark	CheckMark	OptiMark
裁剪	√	√	√
翻转	√	√	√
旋转	√	√	√
旋转-尺寸放缩	√	√	√
FMLR	√	√	
锐化	√	√	√
高斯滤波	√	√	
中值滤波	√	√	
随机扭曲	√	√	*
线性变换	√	√	√
方向比例	√	√	
缩放改变	√	√	
行移除	√	√	√
颜色降质	√	√	
JPEG 压缩	√	√	√
小波压缩		√	
投影变换		√	
扭曲		√	
模板移除		√	
非线性移除		√	
拼贴		√	

注:* 表示支持旋转+自动裁剪和旋转+自动裁剪+自动缩放。

本 章 小 结

与数字水印技术的发展相似,水印攻击技术的发展也经历了一个快速发展的过程,第一代水印技术的发展促进了第一代攻击方法的诞生,反过来第一代攻击方法又加速了水印技术的发展。目前水印技术的研究在两个方面发展,一个是向理论的纵深方向发展,另一个是向实用性发展,在此发展过程中,水印的攻击研究也会不断深入和完善。

本 章 习 题

1. 检索相关论文,撰写一篇关于数字水印攻击的阅读报告。
2. 从网上下载一个水印攻击的软件,利用这个软件对水印进行攻击。
3. 对第 8 章设计的一种水印算法,用 StirMark 软件测试和分析它的性能。

第 10 章
信息隐藏与数字水印实验

10.1　信号处理基础

【实验目的】

了解音频和图像数据系数特点,掌握音频和图像文件的离散傅里叶、离散余弦和离散小波变换等基本操作。

【实验环境】

(1) WindowsXP 或 Vista 操作系统;

(2) Matlab7.1 版本软件;

(3) BMP 格式图像文件;

(4) Wav 格式音频文件。

【原理简介】

离散傅里叶、离散余弦和离散小波变换是图像、音频信号常用基础操作,时域信号转换到不同变换域以后,会导致不同程度的能量集中,信息隐藏利用这个原理在变换域选择适当位置系数进行修改,嵌入信息,并确保图像、音频信号经处理后感官质量无明显变化。

(1) 一维离散傅里叶变换对定义

一维离散傅里叶变换:

$$X(k) = \sum_{n=0}^{N-1} x(n) e^{j2\pi kn/N}$$

一维离散傅里叶逆变换:

$$n(n) = \frac{1}{N} \sum_{k=0}^{N-1} X(k) e^{j2\pi kn/N}$$

(2) 一维离散余弦变换对定义

一维离散余弦正变换:

$$C(0) = \frac{1}{\sqrt{N}} \sum_{x=0}^{N-1} f(x)$$

$$C(u) = \sqrt{\frac{2}{N}} \sum_{x=0}^{N-1} f(x) \cos \frac{(2x+1)u\pi}{2N}, \quad u = 1, 2, \cdots, N-1$$

一维离散余弦逆变换：

$$f(x) = \frac{1}{\sqrt{N}}C(0) + \sqrt{\frac{2}{n}}\sum_{u=1}^{N-1}C(u)\cos\frac{(2x+1)u\pi}{2N}, \quad u = 0,1,\cdots,N-1$$

（3）一维连续小波变换对定义

一维连续小波变换：

$$\mathrm{CWT}_x(\tau,a) = \frac{1}{\sqrt{|a|}}\int x(t)h^*\left(\frac{t-\tau}{a}\right)\mathrm{d}t$$

其中，$h(t)$ 是小波母函数。

一维连续小波逆变换：

$$x(t) = \frac{1}{C_H}\iint \frac{1}{a^2}\mathrm{CWT}_x(\tau,a)\frac{1}{\sqrt{|a|}}h\left(\frac{t-\tau}{a}\right)\mathrm{d}a\,\mathrm{d}b$$

（4）二维离散傅里叶变换对定义

二维离散傅里叶变换：

$$F(u,v) = \frac{1}{MN}\sum_{x=0}^{M-1}\sum_{y=0}^{N-1}f(x,y)\mathrm{e}^{-\mathrm{j}2\pi(\mu x/M+vy/N)}$$

其中，$u=0,1,\cdots,M-1;v=0,1,\cdots,N-1$。

二维离散傅里叶逆变换：

$$f(x,y) = \sum_{u=0}^{M-1}\sum_{v=0}^{N-1}F(u,v)\mathrm{e}^{\mathrm{j}2\pi(ux/M+vy/N)}$$

其中，$x=0,1,\cdots,M-1;y=0,1,\cdots,N-1$。

（5）二维离散余弦变换对定义

二维离散余弦正变换：

$$C(0,0) = \frac{1}{N}\sum_{x=0}^{N-1}\sum_{y=0}^{N-1}f(x,y)$$

$$C(u,v) = \frac{2}{N}\sum_{x=0}^{N-1}\sum_{y=0}^{N-1}f(x,y)\cos\frac{(2x+1)\pi u}{2N}\cos\frac{(2y+1)\pi v}{2N}$$

二维离散余弦逆变换：

$$f(x,y) = \frac{1}{N}C(0,0) + \frac{2}{N}\sum_{u=0}^{N-1}\sum_{v=0}^{N-1}C(u,v)\cos\frac{(2x+1)\pi u}{2N}\cos\frac{(2y+1)\pi v}{2N}$$

【实验步骤】

1. 用离散傅里叶变换分析合成音频和图像分析合成音频文件包括以下步骤：

- 读取音频文件数据；
- 一维离散傅里叶变换；
- 一维离散傅里叶逆变换；
- 观察结果。

第一步：读取音频文件数据。

新建一个 m 文件，另存为 example11.m，输入以下命令：

```
clc;
```

```
clear;
len = 40000;
[fn, pn] = uigetfile('*.wav', '请选择音频文件');
[x, fs] = wavread(strcat(pn, fn), len);
```

uigetfile 是文件对话框函数,提供图形界面供用户选择所需文件,返回目标的目录名和文件名。

函数原型:y= wavread (FILE)。

功能:读取微软音频格式(Wav)文件内容。

输入参数:file 表示音频文件名,字符串。

返回参数:y 表示音频样点,浮点型。

第二步:一维离散傅里叶变换。

新建一个 m 文件,另存为 example12.m,输入以下命令:

```
xf = fft(x);
f1 = [0:len - 1] * fs / len;
xff = fftshift(xf);
hl = floor(len / 2);
f2 = [-hl:hl] * fs / len;
```

fft 函数对输入参数进行一维离散傅里叶变换并返回其系数,对应频率从 0 到 f_s(采样频率),使用 fftshift 将零频对应系数移至中央。上述代码还计算了离散样点对应的频率值,以便更好地观察频谱。

第三步:一维离散傅里叶逆变换。

新建一个 m 文件,另存为 example13.m,输入以下命令:

```
xsync = ifft(xf);
```

ifft 函数对输入参数进行一维离散傅里叶逆变换并返回其系数。

第四步:观察结果。

新建一个 m 文件,另存为 example14.m,输入以下命令:

```
figure;
subplot(2, 2, 1);plot(x);title('original audio');
subplot(2, 2, 2);plot(xsync);title('synthesize audio');
subplot(2, 2, 3);plot(f1, abs(xf));title('fft coef. of audio');
subplot(2, 2, 4);plot(f2(1:len), abs(xff));title('fftshift coef. of auio');
```

figure(n)表示创建第 n 个图形窗。

subplot 是子绘图函数,第一、二个参数指明子图像布局方式,例如,若参数为 2,3 则表示画面共分为 2 行,每行有 3 个子图像。第三个参数表明子图像序号,排序顺序为从左至右,从上至下。

plot 是绘图函数,默认使用方式为 plot(y),参数 y 是要绘制的数据;如果需要指明图像横轴显示序列,则命令行为 plot(x, y),默认方式等同于 plot([0..len-1], y),len 为序列 y 的长度。

用离散傅里叶变换分析合成音频文件如图 10-1 所示。

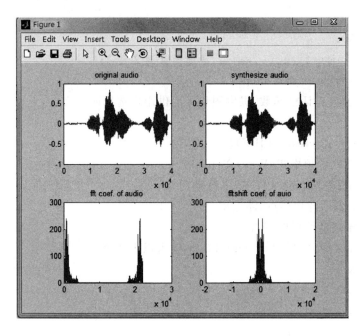

图 10-1　用离散傅里叶变换分析合成音频文件

分析合成图像文件包括以下步骤：

- 读取图像文件数据；
- 二维离散傅里叶变换；
- 二维离散傅里叶逆变换；
- 观察结果。

第一步：读取图像文件数据。

新建一个 m 文件，另存为 example21.m，输入以下命令：

[fn, pn] = uigetfile('*.bmp', '请选择图像文件');

[x, map] = imread(strcat(pn, fn), 'bmp');

I = rgb2gray(x);

函数原型：A = imread(filename, fmt)。

功能：读取 fmt 指定格式的图像文件内容。

输入参数：filename 表示图像文件名，字符串。

Fmt 表示图像文件格式名，字符串、函数支持的图像格式包括：JPEG，TIFF，GIF，BMP 等，当参数中不包括文件格式名时，函数尝试推断出文件格式。

返回参数：A 表示图像数据内容，整型。

rgb2gray 将 RGB 图像转换为灰度图。

第二步：二维离散傅里叶变换。

新建一个 m 文件，另存为 example22.m，输入以下命令：

xf = fft2(I);

xff = fftshift(xf);

fft2 函数对输入参数进行二维离散傅里叶变换并返回其系数，使用 fftshift 将零频对应系数移至中央。

第三步:二维离散傅里叶逆变换。

新建一个 m 文件,另存为 example23.m,输入以下命令:

```
xsync = ifft2(xf);
```

ifft2 函数对输入参数进行二维离散傅里叶逆变换并返回其系数。

第四步:观察结果。

新建一个 m 文件,另存为 example24.m,输入以下命令:

```
figure;
subplot(2, 2, 1);imshow(x);title('original image');
subplot(2, 2, 2);imshow(uint8(abs(xsync)));title('synthesize image');
subplot(2, 2, 3);mesh(abs(xf));title('fft coef. of image');
subplot(2, 2, 4);mesh(abs(xff));title('fftshift coef. of image');
```

imshow 是二维数据绘图函数,mesh 通过三维平面显示数据。

用离散傅里叶变换分析合成图像文件如图 10-2 所示。

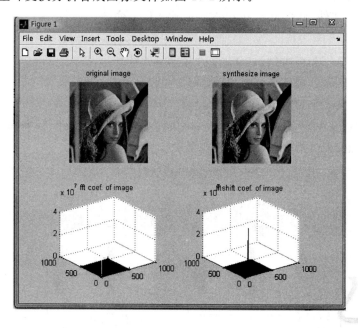

图 10-2　用离散傅里叶变换分析合成图像文件

2. 用离散余弦变换分析合成音频和图像

分析合成音频文件包括以下步骤:

- 读取音频文件数据;
- 一维离散余弦变换;
- 一维离散余弦逆变换;
- 观察结果。

第一步:一维离散余弦变换。

新建一个 m 文件,另存为 example31.m,输入以下命令:

```
xf = dct(x);
```

dct 函数对输入参数进行一维离散余弦变换并返回其系数,对应频率从 0 到 f_s(采样频率)。

第二步:一维离散余弦逆变换。

新建一个 m 文件,另存为 example32.m,输入以下命令:

```
xsync = idct(xf);
[row,col] = size(x);
xff = zeros(row,col);
xff(1:row,1:col) = xf(1:row,1:col);
y = idct(xff);
```

idct 函数对输入参数进行一维离散余弦逆变换并返回其系数。离散余弦变换常用于图像压缩,可以尝试只使用部分系数重构语言,通过观察可发现,原始音频和合成后音频两者差别不大。

第三步:观察结果。

新建一个 m 文件,另存为 example33.m,输入以下命令:

```
figure;
subplot(2, 2, 1);plot(x);title('original audio');
subplot(2, 2, 2);plot(xsync);title('synthesize audio');
subplot(2, 2, 3);plot(f1, abs(xf));title('fft coef. of audio');
subplot(2, 2, 4);plot(f2(1:len), abs(xff));title('fftshift coef. of auio');
```

用离散余弦变换分析合成音频文件如图 10-3 所示。

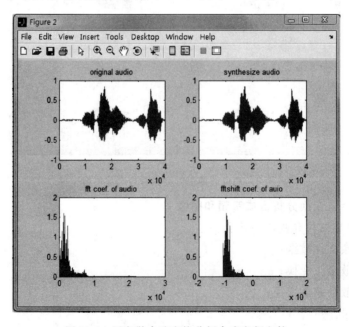

图 10-3　用离散余弦变换分析合成音频文件

分析合成图像文件包括以下步骤：

- 读取图像文件数据；
- 二维离散余弦变换；
- 二维离散余弦逆变换；
- 观察结果。

第一步：二维离散余弦变换。

新建一个 m 文件，另存为 example41.m，输入以下命令：

```
xf = dct2(I);
```

dct2 函数对输入参数进行二维离散余弦变换并返回其系数。

第二步：二维离散余弦逆变换。

新建一个 m 文件，另存为 example42.m，输入以下命令：

```
xsync = uint8(idct2(xf));
[row, col] = size(I);
lenr = round(row * 4 / 5);
lenc = round(col * 4 / 5);
xff = zeros(row, col);
xff(1:lenr, 1:lenc) = xf(1:lenr, 1:lenc);
y = uint8(idct2(xff));
```

idct2 函数对输入参数进行二维离散余弦逆变换并返回其系数。可以尝试使用部分系数重构图像，本例中使用了系数矩阵中 4/5 的数据，其他部分置零。为了保证图像能正确显示，使用 uint8 对重构图像原始数据进行了数据类型转换，确保其取值范围在 0～255 之间。

第三步：观察结果。

请输入命令显示四个子图，分别是原始图像、使用全部系数恢复的图像、使用部分系数恢复的图像和用三维立体图方式显示系数。

新建一个 m 文件，另存为 example43.m，输入以下命令：

```
figure;
subplot(2, 2, 1);imshow(x);title('original image');
subplot(2, 2, 2);imshow(uint8(abs(xsync)));title('synthesize image');
subplot(2, 2, 3);imshow(uint8(abs(y)));title('part synthesize image');
subplot(2, 2, 4);mesh(abs(xff));title('fftshift coef. of image');
```

用离散余弦变换分析合成图像文件如图 10-4 所示。

3. 用离散小波变换分析合成音频和图像

分析合成音频文件包括以下步骤：

- 读取音频文件数据；
- 一维离散小波变换；
- 一维离散小波逆变换；
- 观察结果。

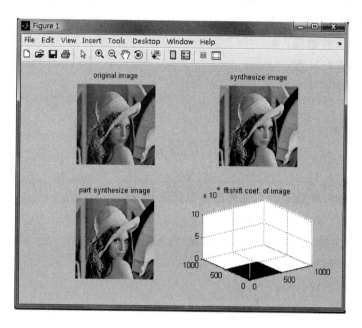

图 10-4　用离散余弦变换分析合成图像文件

第一步：一维离散小波变换。

新建一个 m 文件，另存为 example51.m，输入以下命令：

[C, L] = wavedec(x, 2, ´db4´);

wavedec 函数对输入参数进行一维离散小波变换并返回其系数 C 和各级系数长度 L。第二个参数指明小波变换的级数，第三个参数指明小波变换使用的小波基名称。

第二步：一维离散小波逆变换。

新建一个 m 文件，另存为 example52.m，输入以下命令：

xsync = waverec(C, L, ´db4´);

cA2 = appcoef(C, L, ´db4´, 2);

cD2 = detcoef(C, L, 2);

cD1 = detcoef(C, L, 1);

waverec 函数对输入参数进行一维离散小波逆变换并返回其系数。appcoef 返回小波系数近似分量，第一个参数 C、第二个参数 L 是 wavedec 的返回参数，为各级小波系数和其长度，第三个参数指明小波基名称，第四个参数指明级数。detcoef 返回小波系数细节分量，第一个参数 C、第二个参数 L 是 wavedec 的返回参数，为各级小波系数和其长度，第三个参数指明级数。

第三步：观察结果。

新建一个 m 文件，另存为 example53.m，输入以下命令：

figure;

subplot(2, 3, 1);plot(x);title(´original audio´);

subplot(2, 3, 2);plot(xsync);title(´synthesize audio´);

subplot(2, 3, 4);plot(cA2);title(´app coef. of audio´);

```
subplot(2, 3, 5);plot(cD2);title('det coef. of auio');
subplot(2, 3, 6);plot(cD1);title('det coef. of auio');
```

用离散小波变换分析合成音频文件如图 10-5 所示。

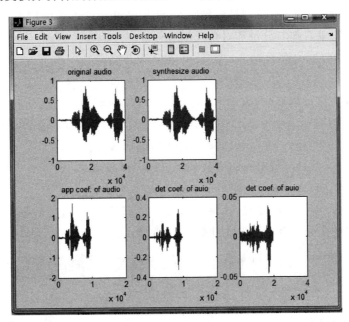

图 10-5　用离散小波变换分析合成音频文件

分析合成图像文件包括以下步骤：

- 读取图像文件数据；
- 二维离散小波变换；
- 二维离散小波逆变换；
- 观察结果。

第一步：二维离散小波变换。

新建一个 m 文件，另存为 example61.m，输入以下命令：

```
sx = size(I);
[cA1, cH1, cV1, cD1] = dwt2(I, 'bior3.7');
```

dwt2 函数对输入参数进行二维一级离散小波变换并返回近似分量，水平细节分量，垂直细节分量和对角线细节分量。如果要对图像进行多级小波分解，使用 wavedec2 函数。

第二步：二维离散小波逆变换。

新建一个 m 文件，另存为 example62.m，输入以下命令：

```
xsync = uint8(idwt2(cA1, cH1, cV1, cD1, 'bior3.7', sx));
A1 = uint8(idwt2(cA1, [], [], [], 'bior3.7', sx));
H1 = uint8(idwt2([], cH1, [], [], 'bior3.7', sx));
V1 = uint8(idwt2([], [], cV1, [], 'bior3.7', sx));
D1 = uint8(idwt2([], [], [], cD1, 'bior3.7', sx));
```

idwt2 函数对输入参数进行二维离散小波逆变换并返回其系数。可以尝试仅使用近似分量、水平细节分量、垂直细节分量或对角线细节分量重构图像。

第三步：观察结果。

输入命令显示六个子图，分别是原始图像、使用全部系数恢复的图像、小波系数近似分量、水平细节分量、垂直细节分量和对角线细节分量。

新建一个 m 文件，另存为 example63.m，输入以下命令：

```
figure;
subplot(2,3,1);imshow(x);title('original image');
subplot(2,3,2);imshow(uint8(abs(xsync)));title('synthesize image');
subplot(2,3,3);mesh(A1);title('app coef. of image ');
subplot(2,3,4);mesh(H1);title('hor coef. of image ');
subplot(2,3,5);mesh(V1);title('ver coef. of image ');
subplot(2,3,6);mesh(D1);title('dia coef. of image ');
```

用离散小波变换分析合成图像文件如图 10-6 所示。

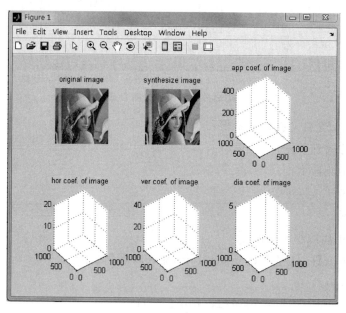

图 10-6　用离散小波变换分析合成图像文件

10.2　BMP 图像信息隐藏

【实验目的】

了解 BMP 图像文件格式，了解利用 BMP 图像文件隐藏信息的原理，设计并实现一种基于 24 位真彩色 BMP 图像的文件信息隐藏方法。

【实验环境】

（1）Windows XP 或 Vista 操作系统；

（2）Matlab7.1 版本软件；

（3）BMP 格式图片文件；

（4）Ultraedit 编辑工具。

【原理简介】

针对文件结构的信息隐藏方法需详细掌握文件的格式，利用文件结构块之间的关系或根据块数据和块大小之间的关系来隐藏信息。

BMP(Bitmap-File)图形文件是 Windows 采用的常见图形文件格式，要利用 BMP 位图进行信息隐藏首先需要详细了解 BMP 文件的格式，BMP 图像文件结构比较单一而且固定，BMP 图像由文件头、信息头、调色板区和数据区四个部分组成，而 24 位真彩色图像中没有调色板信息。24 位真彩色 BMP 位图文件包括 3 部分。第一部分是 BMP 文件头。前 2 个字节是"BM"，是用于识别 BMP 文件的标志；第 3～6 字节存放的是位图文件的大小，以字节为单位；第 7～10 字节是保留的，必须为 0；第 11～14 字节给出位图阵列相对于文件头的偏移，在 24 位真彩色图像中，这个值固定为 54；第 19～22 字节表示的是图像文件的宽度，以像素为单位；第 23～26 字节表示的是图像文件的高度，以像素为单位。第二部分是位图信息头。从第 29 个字节开始，第 29、30 字节描述的是像素的位数，24 位真彩色位图，该位的值为 0x18。第三部分是数据区。从第 55 个字节开始，每 3 个字节表示一个像素，这 3 个字节依次表示该像素的红、绿、蓝亮度分量值。

在不影响图像正常显示的情况下，可使用以下四种方法在 24 位真彩色 BMP 图像中隐藏信息。

- 在图像文件尾部添加任意长度的数据，秘密信息存放在文件尾部可以减少修改文件头的数据量，仅需修改文件头中文件长度的值即可。
- 在调色板或者位图信息头和实际的图像数据之间隐藏数据，如果将秘密数据放在文件头与图像数据之间，则至少需要修改文件头中文件长度、数据起始偏移地址这两个域的值。
- 修改文件头和信息头中的保留字段隐藏信息。
- 在图像像素区利用图像宽度字节必须是 4 的倍数的特点，在补足位处隐藏数据。

【实验步骤】

1. 在实际的图像数据后隐藏信息

待隐藏的秘密信息文件名称为 hidden.txt，Baboon.bmp 为载体图像，将载体和秘密信息放置在同一个目录下，在 Windows 的 MS-DOS 方式下执行命令 Copy baboon.bmp /b ＋ hidden.txt /a baboon1.bmp，其中参数/b 指定以二进制格式复制、合并文件，参数/a 以 ASCII 格式复制、合并文件。执行该命令后，生成一个新的 baboon1.bmp 文件，使用图像浏览工具浏览该文件发现与原始载体图像几乎完全相同，信息隐藏在 baboon.bmp 文件的尾部。从 BMP 图像的结构中可知，图像的 3～6 四个字节存放整个 BMP 图像的长度。使用该方法隐藏信息时,未修改图像文件的文件长度字节,通过比较文件的实际长度和文件中保存的文件长度,就可发现该图像是否隐藏秘密信息。

源代码 bmphide.m 如下:

```
clc;
clear;
fid = fopen('baboon.bmp','r');                          % 读入载体图像文件
[a,length] = fread(fid,inf,'uint8');                     % length 是文件的实际长度
fclose(fid);
fid = fopen('baboon.bmp','r');
status = fseek(fid,2,'bof');
fileb = fread(fid,4,'uint8');
filelength = fileb(1) * 1 + fileb(2) * 256 + fileb(3) * 256^2 + fileb(4) * 256^3;
% 文件图像中保存的文件长度
diff = length-filelength;
% diff 隐藏的信息长度如果相同,表示图像没有隐藏任何信息
fclose(fid);
```

当图像隐藏信息后,如 diff=10,表示隐藏 10 个字节的信息。因此要在图像中隐藏信息,需修改图像文件长度,也就是修改第 3~第 6 字节,如此例中需在图像中隐藏 10 个字节信息,需要将文件长度增加 10。在 Ultraedit 中手工将第 3 个字节由原来的 0x36(十进制的 54),变为 0x40(十进制的 64),然后再运行上述程序,发现 diff=0,表示图像隐藏并修改文件的长度后,通过该种方法无法发现图像中是否隐藏信息,同时使用图像查看工具打开图像文件,发现图像在视觉上和原图像没有任何差别。

2. 在文件头与图像数据之间隐藏信息

在数据区开始之前隐藏信息,也就是在 54 和 55 个字节之间隐藏信息,隐藏的秘密信息从 hidden.txt 文件中读取,此种方法修改图像数据的偏移量和图像数据的文件长度。

源代码 bmpheadhiding.m 如下:

```
clc;
clear;
wm = randsrc(1,300,[0 1]);                              % 产生随机水印
fid = fopen('baboon.bmp','r');                          % 读入载体图像文件
[a,length] = fread(fid,inf,'uint8');
fclose(fid);
msgfid = fopen('hidden.txt','r');                       % 打开秘密文件
[msg,count] = fread(msgfid);
fclose(msgfid);
wa = a;
j = 1;
wa(11) = 54 + count;
wa(3) = wa(3) + count;
```

```
for i = 55:64
    wa(i) = uint8(msg(j,1));                    % 隐藏密码信息
    j = j + 1;
end
for i = 55:length
    wa(i + 10) = a(i);
end
figure;
wa = uint8(wa);
fid = fopen('watermarked.bmp', 'wb');
fwrite(fid,wa);
fclose(fid);
imshow('watermarked.bmp');
```

3. BMP 图像文件隐藏信息的检测

在 BMP 图像中隐藏信息的时候一般都是通过修改文件的偏移量和图像文件中图像的长度来隐藏信息，但在 BMP 图像文件中，file_length ＝ biwidth * biBytecount * biHeight ＋ bfoffBits，其中 biwidth，biheight 表示图像文件的宽度和高度，bfoffBits 表示文件头到实际位图图像数据之间的偏移量。

源代码 bmphidecheck. m 如下：

```
clc;
clear;
wm = randsrc(1,300, [0 1]);                     % 产生随机水印信息
fid = fopen('baboon.bmp','r');                  % 读入载体图像文件
[a,length] = fread(fid,inf,'uint8');
status = fseek(fid,2,'bof');
fileb = fread(fid,4,'uint8');
filelength = fileb(1) * 1 + fileb(2) * 256 + fileb(3) * 256^2 + fileb(4) * 256^3;
% 文件图像的理论长度
status = fseek(fid,18,'bof');
b = fread(fid,4,'uint8');
biwidth = b(1) * 1 + b(2) * 256 + b(3) * 256^2 + b(4) * 256^3
status = fseek(fid,22,'bof');
b = fread(fid,4,'uint8');
biHeight = b(1) * 1 + b(2) * 256 + b(3) * 256^2 + b(4) * 256^3;
bfoffbits = 54;                                 % 偏移量
biBytecount = 3;                                % 24 位真彩色图像为 3
fclose(fid);
diff = length-filelength;
```

通过 diff 的不同来比较图像是否在结尾处隐藏了信息，此种方法不能检测对于修改偏

移量的隐藏检测。

4. 在图像文件头和信息头的保留字段中隐藏信息

BMP 图像文件中有很多从不使用的保留字节,如 7、8、9、10 字节是保留的,必须为 0,可在第 7、8、9、10 字节隐藏秘密信息。

源代码 bmpreservedhiding. m 如下:

```
clc;
clear;
fid = fopen('baboon.bmp','r');                %读入载体图像文件
[a,length] = fread(fid,inf,'uint8');
fclose(fid);
wa = a;
%在 BMP 的 7、8、9、10 保留字中隐藏秘密信息 BUPT,ASCII 值为 0x42,0x55,0x50,0x54
wa(7) = 66;
wa(8) = 85;
wa(9) = 80;
wa(10) = 84;
figure;
wa = uint8(wa);
fid = fopen('watermarked.bmp', 'wb');
fwrite(fid,wa);
fclose(fid);
imshow('watermarked.bmp');
```

10.3 LSB 图像信息隐藏

【实验目的】

了解信息隐藏中最常用的 LSB 算法特点,掌握 LSB 算法原理,设计并实现一种基于图像的 LSB 隐藏算法;了解如何通过峰值信噪比来对图像质量进行客观评价,并计算峰值信噪比。

【实验环境】

(1) Windows XP 或 Vista 操作系统;

(2) Matlab7.1 科学计算软件;

(3) BMP 灰度图像文件。

【原理简介】

任何多媒体信息,在数字化时,都会产生物理随机噪声,而人的感观系统对这些随机噪

声不敏感。替换技术就是利用这个原理,通过使用秘密信息比特替换随机噪声,从而完成信息隐藏目标。

BMP 灰度图像的位平面如图 10-7 所示,每个像素值为 8 bit 二进制值,表示该点亮度。

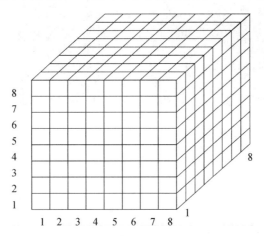

图 10-7 BMP 灰度图像的位平面

不同位平面对视觉影响不同,可用图 10-8~图 10-10 表示。

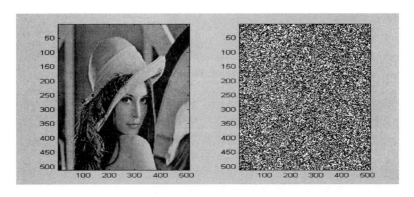

图 10-8 去除第一位平面的 Lena 图像和第一位平面

图 10-9 去除第 1~4 位平面的 Lena 图像和第 1~4 位平面

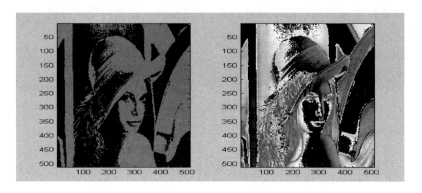

图 10-10　去除第 1～7 位平面的 Lena 图像和第 1～7 位平面

图像高位平面对图像感官质量起主要作用,去除图像最低几个位平面并不会造成画面质量的明显下降。利用这个原理可用秘密信息(或称水印信息)替代载体图像低位平面以实现信息嵌入。

本节中算法选用最低位平面来嵌入秘密信息。最低位平面对图像的视觉效果影响最轻微,但很容易受噪声影响和攻击,解决办法可采用冗余嵌入的方式来增强稳健性。即在一个区域(多个像素)中嵌入相同的信息,提取时根据该区域中的所有像素判断。

1. 隐藏算法

算法分为三个部分实现:

- 隐藏算法;
- 提取算法;
- 测试脚本。

(1) 隐藏算法

源代码 hide_lsb. m 如下:

```
function o = hide_lsb(block, data, I)
% function o = hide_lsb(block, data, I)
% block:隐藏的最小分块大小
% data:秘密信息
% I:原始载体
si = size(I);
lend = length(data);
% 将图像划分为 M * N 个小块
N = floor(si(2) / block(2));
M = min(floor(si(1) / block(1)), ceil(lend / N));
o = I;
for i = 0 : M - 1
% 计算每小块垂直方向起止位置
rst = i * block(1) + 1;
red = (i + 1) * block(1);
```

```
for j = 0 : N - 1
% 计算每小块隐藏的秘密信息的序号
idx = i * N + j + 1;
if idx > lend
    break;
end;
% 取每小块隐藏的秘密信息
bit = data(idx);
% 计算每小块水平方向起止位置
cst = j * block(2) + 1;
ced = (j + 1) * block(2);
% 将每小块最低位平面替换为秘密信息
o(rst:red, cst:ced) = bitset(o(rst:red, cst:ced), 1, bit);
    end;
end;
```

（2）提取算法

源代码 dh_lsb.m 如下：

```
function out = dh_lsb(block, I)
% function out = dh_lsb(block, I)
% block：隐藏的最小分块大小
% I:携密载体
si = size(I);
% 将图像划分为 M * N 个小块
N = floor(si(2) / block(2));
M = floor(si(1) / block(1));
out = [];
% 计算比特 1 判决阈值：即每小块半数以上元素隐藏的是比特 1 时,判决该小块嵌入的
信息为 1
thr = ceil((block(1) * block(2) + 1) / 2);
idx = 0;
for i = 0 : M - 1
% 计算每小块垂直方向起止位置
rst = i * block(1) + 1;
red = (i + 1) * block(1);
for j = 0 : N - 1
% 计算每小块图像隐藏的秘密信息序号
idx = i * N + j + 1;
% 计算每小块水平方向起止位置
cst = j * block(2) + 1;
```

```
ced = (j + 1) * block(2);
% 提取小块最低位平面,统计 1 比特个数,判决输出秘密信息
tmp = sum(sum(bitget(I(rst:red, cst:ced), 1)));
        if(tmp >= thr)
            out(idx) = 1;
        else
            out(idx) = 0;
        end;
    end;
end;
```

（3）测试脚本

源代码 test.m 如下:

```
fid = 1;
len = 10;
% 随机生成要隐藏的秘密信息
d = randsrc(1, len, [0 1]);
block = [3, 3];
[fn, pn] = uigetfile({'*.bmp', 'bmp file(*.bmp)';}, '选择载体');
s = imread(strcat(pn, fn));
ss = size(s);
if(length(ss) >= 3)
I = rgb2gray(s);
else
    I = s;
end;
si = size(I);
sN = floor(si(1) / block(1)) * floor(si(2) / block(2));
tN = length(d);
% 如果载体图像尺寸不足以隐藏秘密信息,则在垂直方向上复制填充图像
if sN < tN
    multiple = ceil(tN / sN);
    tmp = [];
    for i = 1:multiple
        tmp = [tmp; I];
    end;
    I = tmp;
end;
% 调用隐藏算法,把携秘载体写至硬盘
stegoed = hide_lsb(block, d, I);
```

```
imwrite(stegoed, ´hide.bmp´, ´bmp´);
[fn, pn] = uigetfile({´ * .bmp´, ´bmp file( * .bmp)´;}, ´选择隐蔽载体´);
y = imread(strcat(pn, fn));
sy = size(y);
if(length(sy) > = 3)
    I = rgb2gray(y);
else
    I = y;
end;
% 调用提取算法,获得秘密信息
out = dh_lsb(block, I);
% 计算误码率
len = min(length(d), length(out));
rate = sum(abs(out(1:len) - d(1:len))) / len;
y = 1 - rate;
fprintf(fid, ´LSB :len: % d\t error rate: % f\t   error num: % d\n´, len, rate, len * rate);
```

2. 计算峰值信噪比

- 峰值信噪比定义：$\mathrm{PSNR} = XY \max\limits_{x,y} \dfrac{p_{x,y}^2}{\sum\limits_{x,y}(p_{x,y} - \tilde{p}_{x,y})^2}$

- 峰值信噪比函数
- 测试脚本

具体步骤如下。

（1）峰值信噪比函数

源代码 psnr.m 如下：

```
function y = psnr(org, stg)
% function y = psnr(org, stg)
y = 0;
sorg = size(org);
sstg = size(stg);
if sorg ~ = sstg
    fprintf(1, ´org and stg must have same size! \n´);
end;
np = sum(sum((org - stg).^2));
y = 10 * log10(max(max(double((org .^2)) * sorg(1) * sorg(2) / np)));
```

（2）测试脚本

```
org = imread(´lena.bmp´);
stg = imread(´hide.bmp´);
fprintf(1, ´psnr: % f\n´, psnr(org, stg));
```

10.4 DCT 域图像水印

【实验目的】

了解频域水印的特点,掌握基于 DCT 系数关系的图像水印算法原理,设计并实现一种基于 DCT 域的图像水印算法。

【实验环境】

(1) Windows XP 或 Vista 操作系统;
(2) Matlab7.1 科学计算软件;
(3) 图像文件。

【原理简介】

在信号的频域(变换域)中隐藏信息要比在时域中嵌入信息具有更好的鲁棒性。一副图像经过时域到频域的变换后,可将待隐藏信息藏入图像的显著区域,这种方法比 LSB 以及其他一些时域水印算法更具抗攻击能力,而且还保持了对人类感官的不可察觉性。常用的变换域方法有离散余弦变换(DCT)、离散小波变换(DWT)和离散傅里叶变换(DFT)等。

本章介绍一种提取秘密信息的时候不需要原始图像的盲水印算法,算法的思想是利用载体中两个特定 DCT 系数的相对大小来表示隐藏的信息。载体图像分为 8×8 分块,进行二维 DCT 变换,分别选择其中的两个位置,比如用 (u_1, v_1) 和 (u_2, v_2) 代表所选定的两个系数的坐标。如果 $B_i(u_1, v_1) < B_i(u_2, v_2)$,代表隐藏 1,如果相反,则交换两系数。如果 $B_i(u_1, v_1) > B_i(u_2, v_2)$,代表隐藏 0,如果相反,则交换两系数。提取的时候接收者对包含水印的图像文件进行二维 DCT 变换,比较每一块中约定位置的 DCT 系数值,根据其相对大小,得到隐藏信息的比特串,从而恢复出秘密信息。但是在使用上述算法的过程中,注意到如果有一对系数大小相差非常少,往往难以保证携带图像在保存和传输的过程中以及提取秘密信息的过程中不发生变化。因此在实际的设计过程中,一般都是引入一个 Alpha 变量对系数的差值进行控制,将两个系数的差别放大,可以保证提取秘密信息的正确性。

【实验步骤】

1. 嵌入水印信息

源代码 dcthiding.m 如下:

```
clc;
clear;
msgfid = fopen('hidden.txt','r');          % 打开秘密文件,读入秘密信息
[msg,count] = fread(msgfid);
count = count * 8;
alpha = 0.02;
```

```
fclose(msgfid);
msg = str2bit(msg)´;
[len col] = size(msg);
io = imread(´lena.bmp´);                                  % 读取载体图像
io = double(io)/255;
output = io;
i1 = io(:,:,1);                                           % 取图像的一层来隐藏
T = dctmtx(8);                                            % 对图像进行分块
DCTrgb = blkproc(i1,[8 8],´P1 * x * P2´,T,T´);            % 对图像分块进行 DCT 变换
[row,col] = size(DCTrgb);
row = floor(row/8);
col = floor(col/8);
% 顺序信息嵌入
temp = 0;
for i = 1:count;
    if msg(i,1) == 0
        if DCTrgb(i + 4,i + 1)<DCTrgb(i + 3,i + 2)   % 选择(5,2)和(4,3)这一对系数
            temp = DCTrgb(i + 4,i + 1);
            DCTrgb(i + 4,i + 1) = DCTrgb(i + 3,i + 2);
            DCTrgb(i + 3,i + 2) = temp;
        end
    else
        if  DCTrgb(i + 4,i + 1)>DCTrgb(i + 3,i + 2)
            temp = DCTrgb(i + 4,i + 1);
            DCTrgb(i + 4,i + 1) = DCTrgb(i + 3,i + 2);
            DCTrgb(i + 3,i + 2) = temp;
        end
    end
    if DCTrgb(i + 4,i + 1)<DCTrgb(i + 3,i + 2)
        DCTrgb(i + 4,i + 1) = DCTrgb(i + 4,i + 1)-alpha;     % 将原本小的系数
调整更小,使得系数差别变大
    else
        DCTrgb(i + 3,i + 2) = DCTrgb(i + 3,i + 2)-alpha;
    end
end
    % 将信息写回并保存

wi = blkproc(DCTrgb,[8 8],´P1 * x * P2´,T´,T);            % 对 DCTrgb1 进行逆变换
output = io;
```

```
output(:,:,1) = wi;
imwrite(output,´watermarkedlena.bmp´);
figure;
subplot(1,2,1);imshow(´lena.bmp´);title(´原始图像´);
subplot(1,2,2);imshow(´watermarkedlena.bmp´);title(´嵌入水印图像´);
```

2. 提取秘密信息

源代码 dctextract.m 如下：

```
clc;
clear;
wi = imread(´watermarkedlena.bmp´);                % 读取携密图像
wi = double(wi)/255;
wi = wi(:,:,1);                                     % 取图像的一层来提取
T = dctmtx(8);                                      % 对图像进行分块
DCTcheck = blkproc(wi,[8 8],´P1 * x * P2´,T,T´);    % 对图像分块进行 DCT 变换

for i = 1:80                                        % 80 为隐藏的秘密信息的比特数
    if  DCTcheck(i + 4,i + 1) < = DCTcheck(i + 3,i + 2)
        message(i,1) = 1;
    else
        message(i,1) = 0;
    end
end
out = bit2str(message);
fid = fopen(´message.txt´, ´wt´);
fwrite(fid, out)
fclose(fid);
```

10.5 回声信息隐藏

【实验目的】

回声隐藏利用人耳听觉系统的时域掩蔽特性,在载体数据的环境特性(回声)中嵌入水印信息。掌握语音的回声隐藏算法原理,设计并实现一种回声隐藏算法。

【实验环境】

(1) Windows XP 或 Vista 操作系统;

(2) Matlab7.1 科学计算软件;

(3) 音频文件。

【原理简介】

音频信号和经过回声隐藏的携密数据对于人耳来说,前者就像是从耳机中听到的声音,没有回声。而后者就像是从扬声器里听到的声音,有所处空间(诸如墙壁、家具等物体)产生的回声。回声隐藏巧妙地利用人类听觉系统(HAS)的时域掩蔽特性,通过向音频信号中引入回声来完成隐藏秘密信息。回声隐藏与其他方法不同,它不是将水印信息当成随机噪声嵌入到载体数据中,而是利用载体数据的环境特征(回声)来嵌入水印信息。尽管引入回声的方法必然会导致载体音频信号的失真,但只要选择合理的回声参数 a 和 m,附加的回声就难以被人类听觉系统所觉察。回声的数字音频信号可表示为:$y[n]=s[n]+\lambda*s[n-m]$,其中 $y[n]$ 是加入回声后的音频信号,$s[n]$ 是原始音频信号,λ 为回声的幅度系数,m 为时延参数。λ 为 0~1 之间的正数,m 一般表示回声信号滞后于原始信号的样点间隔。由 HAS 的时域后掩蔽特性可知,对于回声时延的大小是有限制的。一般情况下,回声时延 m 的取值在 50~200 ms 之间。过小会增加嵌入信息恢复的难度,过大则会影响隐藏信号的不可感知性。同时,回声的幅度系数 a 的取值也同样需要精心选择,其值与信号传输环境和时延取值有关,一般 λ 取值在 0.6~0.9 之间。

【实验步骤】

1. 嵌入算法

步骤如下:

(1) 首先将音频采样数据文件分成包含 N 个样点的子帧,子帧的时长可以根据隐藏数据量的大小划分,一般时长从几个毫秒到几十毫秒,每个子帧隐藏一个比特的秘密信息。

(2) 定义两种不同的回声时延 m_0,m_1(其中,m_0,m_1 均要求远小于子帧时长 N)。当秘密信号比特值为"0"时,回声时延为 m_0;当秘密信号比特值为"1"时,回声时延为 m_1;

(3) 将载体信号的每个子帧按照式 $y[n]=s[n]+\lambda*s[n-m]$ 产生回声信号。

(4) 将所有含回声的信号段串联成连续信号。

源代码 echohiding.m 如下:

```
[s,fs,bits] = wavread('1.wav');
[row, col] = size(s)
if(row > col)
    s = s';
end;        % 把矩阵转换
msgfid = fopen('hidden.txt','r');
[msg,count] = fread(msgfid);
msg = str2bit(msg);
msg = uint8(msg)';
len = length(s);
i = 0;
fragment = 8;
N = floor(len / fragment);
```

```
lend = length(msg);
atten = 0.9;
d0 = 100;
d1 = 200;
s0 = atten * [zeros(1, d0), s(1:len - d0)];     % backward echo with delay 0
s1 = atten * [zeros(1, d1), s(1:len - d1)];     % backward echo with delay 1
o = s0;
for i = 0 : N - 1
    if((i + 1) > lend)
        bit = 0;
    else
        bit = msg(i + 1);
    end;
    if bit == 1
        st = i * fragment + 1;
        ed = (i + 1) * fragment;
        o(st : ed) = s1(st : ed);
    end;
end;
o = s + o;
x = 0:len-1;
figure;
plot(x,o,x,s);
wavwrite(o,fs,'wateramarked.wav');
```

2. 提取算法

回声隐藏算法的最大难点在于秘密信号的提取,其关键在于回声间距的确定。由于回声信号是载体音频信号和引入回声信号的卷积,因此在提取时需要利用语音信号处理中的同态处理技术,利用倒谱相关测定回声间距。在进行提取时,必须要确定数据的起点并预先得到子帧的长度、时延 m_0 和 m_1 等参数值。

(1)将接收到的数据按照预定的时长划分为子帧。

(2)求出各段的倒谱自相关值,比较 m_0 和 m_1 处的自相关幅值 F_0 和 F_1,如果 F_0 大于 F_1,则嵌入比特值为"0";如果 F_1 大于 F_0,则嵌入比特值为"1"。

源代码 echoextract.m 如下:

```
clc;
clear;
[in,fs,bits] = wavread('watermarked.wav');
[row, col] = size(in);
if(row > col)
    in = in';
end;
```

```
fragment = 56;
fft_len = 0;
d0 = 8;
d1 = 12;
i = 0;
out = [];
N = floor(length(in) / fragment);
for i = 0 : N - 1
    st = i * fragment + 1;
    ed = (i + 1) * fragment;
    p = in(st : ed);
    p = fft(p);
    if p ~ = 0
        p = ifft(log(abs(p)));
    end;
    p = abs(p);
    d11 = p(1 * d1 + 1);
    d01 = p(1 * d0 + 1);
    if d11 > d01
        out(i + 1) = 1;
    else
        out(i + 1) = 0;
    end;
end;
out = out´;
msg = out(1:32);
out = bit2str(msg);
fid = fopen(´message.txt´, ´wt´);
fwrite(fid, out)
fclose(fid);
```

10.6　LSB 信息隐藏的卡方分析

【实验目的】

　　了解什么是隐写分析(steganalysis),隐写分析与信息隐藏和数字水印的关系。掌握基于图像的 LSB 隐写的分析方法,设计并实现一种基于图像的 LSB 卡方隐写分析方法。

【实验环境】

（1）Windows XP 或 Vista 操作系统；

（2）Matlab7.1 科学计算软件；

（3）图像文件 man.bmp。

【原理简介】

隐写术和隐写分析技术从本质上来说是互相矛盾的，但是两者实际上又是相互促进的。隐写分析是指对可疑的载体信息进行攻击以达到检测、破坏，甚至提取秘密信息的技术，它的主要目标是为了揭示媒体中隐蔽信息的存在性，甚至只是指出媒体中存在秘密信息的可疑性。

图像 LSB 信息隐藏的方法是用嵌入的秘密信息取代载体图像的最低比特位，原来图像的 7 个高位平面与代表秘密信息的最低位平面组成含隐蔽信息的新图像。虽然 LSB 隐写在隐藏大量信息的情况下依然保持良好的视觉隐蔽性，但使用有效的统计分析工具可判断一幅载体图像中是否含有秘密信息。

目前对于图像 LSB 信息隐藏主要分析方法有卡方分析、信息量估算法、RS 分析法和 GPC 分析法等。本节介绍卡方分析方法。卡方分析的步骤如下：

设图像中灰度值为 j 的像素数为 h_j，其中 $0 \leqslant j \leqslant 255$。如果载体图像未经隐写，$h_{2i}$ 和 h_{2i+1} 的值会相差得很远。秘密信息在嵌入之前往往经过加密，可以看作是 0、1 随机分布的比特流，而且值为 0 与 1 的可能性都是 $1/2$。如果秘密信息完全替代载体图像的最低位，那么 h_{2i} 和 h_{2i+1} 的值会比较接近，可以根据这个性质判断图像是否经过隐写。接下来，定量分析载体图像最低位完全嵌入秘密信息的情况。嵌入信息会改变直方图的分布，由差别很大变得近似相等，但是却不会改变 $h_{2i} + h_{2i+1}$ 的值，因为样值要么不改变，要么就在 h_{2i} 和 h_{2i+1} 之间改变。令 $h_{2i}^* = \dfrac{h_{2i} + h_{2i+1}}{2}$，$q = \dfrac{h_{2i} - h_{2i+1}}{2}$，显然这个值在隐写前后是不会变的。

如果样值为 $2i$，那么它对参数 q 的贡献为 $1/2$；如果样值为 $2i+1$，那么它对参数 q 的贡献为 $-1/2$。载体音频中共有 $2h_{2i}^*$ 个样点的值为 $2i$ 或 $2i+1$，若所有样点都包含 1 bit 的秘密信息，那么每个样点为 $2i$ 或 $2i+1$ 的概率就是 0.5。当 $2h_{2i}^*$ 较大时，根据中心极限定理，式（10-1）成立。

$$\frac{h_{2i} - h_{2i+1}}{\sqrt{2h_{2i}^*}} = \sqrt{2} \cdot \frac{h_{2i} - h_{2i}^*}{\sqrt{h_{2i}^*}} \to N(0,1) \tag{10-1}$$

其中，$\to N(0,1)$ 表示近似服从正态分布。因此

$$r = \sum_{i=1}^{k} \frac{(h_{2i} - h_{2i}^*)^2}{h_{2i}^*} \tag{10-2}$$

服从卡方分布。式（10-2）中，k 等于 h_{2i} 和 h_{2i+1} 所组成数字对的数量，h_{2i}^* 为 0 的情况不计在内。r 越小表示载体含有秘密信息的可能性越大。结合卡方分布的密度计算函数计算载体被隐写的可能性为

$$p = 1 - \frac{1}{2^{\frac{k-1}{2}} \Gamma\left(\dfrac{k-1}{2}\right)} \int_0^r \exp\left(-\frac{t}{2}\right) t^{\frac{k-1}{2}-1} \, \mathrm{d}t \tag{10-3}$$

如果 p 接近于 1,则说明载体图像中含有秘密信息。

【实验步骤】

1. LSB 嵌入和直方图变化

对图像进行 LSB 嵌入,比较嵌入秘密信息前后的直方图变化。

源代码 hist_change.m 如下:

```
[fn, pn] = uigetfile({´*.jpg´,´JPEG files(*.jpg)´;´*.bmp´,´BMP files(*.bmp)´}, ´Select file to hide´);
name = strcat(pn, fn);
I = rgb2gray(imread(name)); %对灰度图像进行隐藏
sz = size(I);
% generate msg
rt = 1;   %隐写率为 100%
row = round(sz(1) * rt);
col = round(sz(2) * rt);
msg = randsrc(row, col, [0 1; 0.5 0.5]);
% LSB hide
stg = I;
stg(1:row, 1:col) = bitset(stg(1:row, 1:col), 1, msg);
nI = sum(hist(I, [0:255]), 2)´;
nS = sum(hist(stg, [0:255]), 2)´;
x = [80 : 99];
figure;
stem(x, nI(81:100)); figure;
stem(x, nS(81:100));
```

2. 卡方分析函数

源代码 StgPrb.m 如下:

```
function p = StgPrb(x)
% 对数据进行分析,对一个二维数组进行分析,数组里面的值在 0～255 之间
n = sum(hist(x, [0:255]), 2);
h2i = n([3:2:255]);
h2is = (h2i + n([4:2:256])) / 2;
filter = (h2is ~= 0);
k = sum(filter);
idx = zeros(1, k);
for i = 1 : 127
    if filter(i) == 1
        idx(sum(filter(1:i))) = i;
    end;
```

```
end;
% compute statistics
r = sum((((h2i(idx) - h2is(idx)) .^ 2) ./ (h2is(idx))));
% compute probility
p = 1 - chi2cdf(r, k - 1);
% p = chi2cdf(r, k);
```

3. LSB 卡方分析源代码

源代码 test. m 如下:

```
clear all;
[fn, pn] = uigetfile({'*.jpg','JPEG files(*.jpg)'; '*.bmp', 'BMP files(*.bmp)'}, 'Select file to hide');
name = strcat(pn, fn);
t = imread(name);
I = t(1:512, 1:512);
sz = size(I);
for k = 1 : 3
    % 根据隐写率大小生成秘密信息,隐写率为 0.3,0.5,0.7 三种
    rt = 0.3 + 0.2  * (k - 1);
    row = round(sz(1) * rt);
    col = round(sz(2) * rt);
    msg = randsrc(row, col, [0 1; 0.5 0.5]);
    % LSB 隐写
    stg = I;
    stg(1:row, 1:col) = bitset(stg(1:row, 1:col), 1, msg);
    imwrite(stg, strcat(pn, strcat(sprintf('stg_%d_', floor(100 * rt)), fn)), 'bmp');
    % loop, select certain percent range of stegoed picuture to analysis
    i = 1;
    for rto = 0.1 : 0.01 : 1
        row = round(sz(1) * rto);
        col = round(sz(2) * rto);
%       p(ceil(10 * rto)) = StgPrb(stg(1:row, 1:col));
        p(k, i) = StgPrb(stg(1:row, 1:col));
        i = i + 1;
    end;
end;
```

10.7　简单扩频语音水印算法

【实验目的】

了解扩频通信原理,掌握扩频水印算法的基本原理,设计并实现一种基于音频的扩频水印算法,了解参数对扩频水印算法性能的影响。

【实验环境】

(1) Windows XP 或 Vista 操作系统;

(2) Matlab7.1 科学计算软件;

(3) WAV 音频文件。

【原理简介】

扩频是一种能在高噪声环境下可靠传输数据的重要通信技术,其基本原理是:信号在大于所需的带宽内进行传输,数据的带宽扩展是通过一个与数据独立的码字完成的,并且在接收端需要该码字的一个同步接收,以进行解扩和数据恢复。扩频通信的特点是:占据频带很宽,每个频段上的能量很低;即使几个频段的信号丢失,仍可恢复信号;利用相互正交的扩频码,可以在一个宽频带内同时传输很多路信号。扩频通信具有拦截概率小,抗干扰能力强的优点。可以利用这个优点设计水印算法。本例中设计一种简单的算法:利用正交的 PN 序列代表 0、1 信号,并将其叠加到信号 DCT 域。提取水印时,利用 PN 序列的正交性可以较为准确的恢复水印。

【实验步骤】

算法分为四个部分实现:

- PN 产生函数;
- 嵌入算法;
- 提取算法;
- 测试脚本。

具体实现方法如下。

1. PN 产生函数

源代码 pn_gen.m 如下:

```
function out = pn_gen(g, init, shift)
% function out = pn_gen(g, init, shift)
% g:generating ploynomial(msb, lsb)
% init:initial state
% shift:output selector
format = 1;
```

```
out_len = 0;
in_len = 0;
out = [];
% check parameter format, ether g2 = [1 0 0 0 0 0 1 0 1] or g1 = [8 2 0]
tp = max(g);
if tp == 1
    format = 2;        % format of parameter
    in_len = length(g) - 1;
else
    format = 1;
    in_len = g(1);
end;
out_len = 2 ^ in_len - 1; % length of output
out = zeros(1, out_len);
for n = 1 : out_len
    out(n) = init(in_len);
    if format == 1
        tp = 0;
        for m = 2 : length(g)
            tp = mod((tp + init(g(m) + 1)), 2);     % caculate new init(1)
            tp = mod((tp + init(in_len - g(m))), 2);   % caculate new init(1)
        end;
    else
        tp = init . * g(2 : (in_len + 1));
        tp = mod(sum(tp), 2);
    end;
    init = [tp init(1 : (in_len - 1))];
end;
for n = (shift - 1) : -1 : 0
    out = [out(2 : out_len), out(1)];
end;
```

2. 隐藏算法

源代码 hide_ds.m 如下：

```
function o = hide_ds(fragment, data, s, atten, pn0, pn1)
[row, col] = size(s);
if(row > col)
    s = s';
end;
i = 1;
```

```
n = min(floor(length(s) / fragment), length(data));
o = s;
len = length(pn0);
base = fragment - len + 1;
for i = 1 : n
    st = (i - 1) * fragment + 1;
    ed = i * fragment;
    tmp = dct(s(st:ed));
    atten1 = atten * max(abs(tmp));
    if data(i) == 1
        tmp(base:fragment) = tmp(base:fragment) + atten1 * pn1;
    else
        tmp(base:fragment) = tmp(base:fragment) + atten1 * pn0;
    end;
    o(st : ed) = idct(tmp);
end;
```

3. 提取算法

源代码 dh_ds.m 如下：

```
function out = dh_ds(fragment, in, pn0, pn1)
% out = dh_ceps_one_pn(d0, d1, fragment, in, exp, win_type, fft_len, data, s, pn)
% decode using cepstrum
% d0:delay 0
% d1:delay 1
% fragment:fragment
% in:blendation
% exp:weight exponent
% win_type:type of window
% fft_len:length of fft
% data:original bit
% s:origial voice
% pn : pn sequnces
[row, col] = size(in);
if(row > col)
    in = in´;
end;
i = 1;
len = floor(length(in) / fragment);
out = [];
len_pn = length(pn0); % length of pn
```

```
base = fragment - len_pn + 1;
for i = 1 : len
    st = (i - 1) * fragment + 1;
    ed = i * fragment;
    p = dct(in(st : ed));
    t0 = sum(p(base:fragment) . * pn0);
    t1 = sum(p(base:fragment) . * pn1);
    if t1 > t0
        out(i) = 1;
    else
        out(i) = 0;
    end;
end;
```

4. 测试脚本

测试步骤如下：

（1）选择载体音频；

（2）产生水印或秘密信息（例如，每 256 个样点嵌入 1 bit 信息，由载体大小计算最多可嵌入多少比特秘密信息）；

（3）产生 PN 序列；

（4）选择嵌入强度，嵌入水印；

（5）保存携带水印的音频，可利用音频处理软件对音频进行格式转换、重采样等攻击，观察攻击后水印的恢复情况；

（6）选择携带水印的音频；

（7）提取水印；

（8）计算误码率。

源代码 test.m 如下：

```
% 1 select cover audio
[fname, pname] = uigetfile('* .wav', 'Select cover audio');
sourcename = strcat(pname, fname);
s = wavread(sourcename)';
s_len = length(s);
% 2 generate msg to be embedded
frag = 256;
msg_len = floor(s_len / frag);
msg = randsrc(1, msg_len, [0 1]);
% 3 generate PN
degree = 7;
pn0 = 2 * pn_gen([degree 6 0], [zeros(1, degree - 1) 1], 0) - 1;
pn1 = 2 * pn_gen([degree 6 0], [zeros(1, degree - 1) 1], 1) - 1;
```

```
% 4 embed msg
atten = 0.005;
bld = hide_ds(frag, msg, s, atten, pn0, pn1);
% 5 save the stegoed-audio
wavwrite(bld, 8e + 3, ´hide.wav´);
% 6 select stegoed-audio
[fname, pname] = uigetfile(´ * .wav´, ´Select stegoed-audio´);
sourcename = strcat(pname, fname);
steg = wavread(sourcename)´;
% 7 extract msg
out = dh_ds(frag, steg, pn0, pn1);
% 8 compute ebr
fid = 1;
ebr = sum(abs(msg - out)) / s_len;
fprintf(fid, ´ebr: % f\n´, ebr);
```

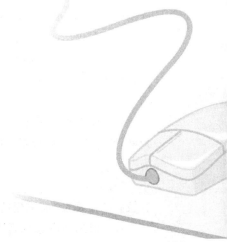

综合复习题一

一、填空题

1. 信息隐藏的原理是利用载体中存在的_____来隐藏秘密信息。

2. 信息隐藏的三个重要分支是_____、_____和_____。

3. 对于人耳的感觉,声音的描述使用_____、_____和_____等三个特征。

4. _____描述人对声波幅度大小的主观感受,_____描述人对声波频率大小的主观感受。

5. 掩蔽效应分为_____和_____,或_____和_____,后者又分为_____和_____。

6. 语音质量评价主要考察语音的_____和_____,_____是衡量对语音内容的识别程度,_____是衡量通过语音识别讲话人的难易程度。

7. 由亮处走到暗处时,人眼一时无法辨识物体,这个视觉适应过程称为_____;由暗处走到亮处时的视觉适应过程则称为_____;两者之间,耗时较长的是_____。

8. 在无符号 8 比特量化的音频样点序列 0001 1011、0011 1110、0101 1010 使用 LSB 嵌入 001,则样点序列变为_____,如果接收到上述样点序列,则可以提取的秘密信息为_____。

9. 人类视觉系统对于亮度变化大区域的敏感度要大于亮度变化小的区域。亮度变化大的区域称为_____,亮度变化小的区域称为_____。前者又可进一步划分为_____(亮度突然变化的区域,一般是图像中包含信息量最大,对人们的理解最为重要的部分)和_____(具有规则变化的区域,人眼会产生一定的适应性,以至于很容易在人的意识中遗忘)。

10. 按照嵌入位置分类,软件水印可分为_____水印和_____水印;按照水印被加载的时刻,软件水印可分为_____水印和_____水印。

11. 在水印的每一种应用中,都存在_____、_____和_____三种操作。

12. 数字水印从特性上划分可以分为_____和_____;从水印所附载的媒体划分,可以分为_____、_____、_____、_____等;从检测过程是否需要原始数据可以分为_____和_____。

13. 让观察者根据一些事先规定的评价尺度或自己的经验,对测试对象感官质量作出判断,并给出质量分数,对所有观察者给出的分数进行加权平均。这种评价方法称为_____。

14. _____提取语音信号特征参数并对其编码,力图使重建的语音信号具有较高的可懂度,而重建的语音信号波形与原始语音波形可以有很大的差别。

15. 根据回声隐藏算法原理,若载体采样率为 8 000 Hz,且每 400 个样点隐藏 1 bit 秘密信息,那么使用该算法进行保密通信时,传输速率为 20 bit/s。以上分析的算法指标是信息隐藏的_____。

16. 检测经打印扫描后图像中的水印有较大难度,其中一个主要原因是:打印过程中,数字信号转变为模拟信号采用半色调处理;而扫描过程中,模拟信号转变为数字信号时引入噪声,称为_____。

17. 任何水印算法都需要在容量、_____、鲁棒性三者之间完成平衡。

18. 信息隐藏研究包括正向研究和逆向研究,信息隐藏检测研究属于_____的内容之一。

19. 视觉范围是人眼能感觉的_____范围。

20. _____描述人对声波幅度大小的主观感受,音调描述人对声波频率大小的主观感受。

21. 信息隐藏的研究也分为三个层次,分别是_____、_____ 和_____。

22. 结构微调法是对文本的空间特征进行轻微调整来嵌入秘密信息的方法,一般采用的方法是_____、_____ 和_____ 三种方法。

二、名词解释

1. LSB
2. DCT
3. DWT
4. DFT
5. DRM
6. PSNR
7. Stego_only attack
8. Known cover attack
9. Known message attack
10. Chosen message attack
11. Known stego attack
12. chosen stego attack
13. Removal attack
14. Collusion attack
15. MOS
16. Fragile watermark
17. Invisible watermark
18. Blind watermark
19. HAS
20. HVS
21. Run-level coding
22. Fingerprinting
23. JPEG

24. GIF

25. MSE

26. Line Shift Encoding

三、单项选择题

1. 使用 FFT2 对信号作离散傅里叶变换获得二维矩阵,水平方向从左至右频率逐渐( )。

　A. 增加　　　　　　　B. 减少　　　　　　　C. 不变　　　　　　　D. 直流分量

2. 下列关于回声隐藏算法描述不正确的是( )。

　A. 回声隐藏算法利用时域掩蔽效应,在原声中叠加延迟不同的回声代表 0、1 bit。

　B. 可以使用自相关检测回声提取 0、1 bit,但由于信号自身的相关性,回声延迟过小时,
其相关度的峰值容易被淹没。

　C. 一般使用倒谱自相关检测回声延迟,因为其准确度高,且算法复杂度低。

　D. 回声隐藏算法的特点是听觉效果好,抗滤波重采样等攻击能力强,但嵌入容量不大。

3. 评价隐藏算法的透明度可采用主观或客观方法,下面说法正确的是( )。

　A. 平均意见分是应用得最广泛的客观评价方法。

　B. MOS 一般采用 3 个评分等级。

　C. 客观评价方法可以完全替代主观评价方法。

　D. 图像信息隐藏算法可用峰值信噪比作为透明度客观评价指标。

4. LSB 是一种重要的信息隐藏算法,下列描述不正确的是( )。

　A. LSB 算法简单,透明度高,滤波等信号处理操作不会影响秘密信息提取。

　B. LSB 可以作用于信号的样点和量化 DCT 系数。

　C. 对图像和语音都可以使用 LSB 算法。

　D. LSB 算法会引起值对出现次数趋于相等的现象。

5. 现接收到一使用 DCT 系数相对关系(隐藏 1 时,令 $B(u_1, v_1) > B(u_3, v_3) + D$,且 $B(u_2, v_2) > B(u_3, v_3) + D$)隐藏秘密信息的图像,已知 $D = 0.5$,对该图像作 DCT 变换后,得到约定位置$((u_1, v_1)(u_2, v_2)(u_3, v_3))$的系数值为$(1.2, 1.3, 1.9)$,$(2.8, 1.2, 2.1)$,$(2.3, 1.9, 1.2)$,则可从中提取的秘密信息是( )。

　A. 0,1,1　　　　　　B. 1,0,0　　　　　　C. 1,无效,0　　　　　　D. 0,无效,1

6. 通过调整相邻像素灰度差值可以隐藏秘密信息,称为 PVD 隐写算法。根据算法原理,下面哪一张直方图可能是经过 PVD 算法隐写后的图像生成的( )。

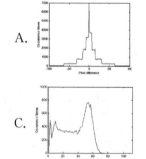

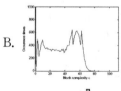
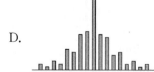

7. 卡方分析的原理是( )。

A. 利用图像空间相关性进行隐写分析。

B. 非负和非正翻转对自然图像和隐写图像的干扰程度不同。

C. 图像隐写后,灰度值为 $2i$ 和 $2i+1$ 的像素出现频率趋于相等。

D. 图像隐写后,其穿越平面簇 $z=0.5,2.5,4.5,\cdots$ 的次数增加。

8. 下列描述不正确的是(   )。

A. 限幅影响语音清晰度。

B. 峰值削波门限为幅值 1/3 时,语音清晰度受很大影响。

C. 中心削波门限为幅值 1/3 时,语音清晰度几乎全部丧失。

D. 语音信号大部分信息保存在幅值较低部分。

9. 下列关于半脆弱水印的描述,不正确的是(   )。

A. 半脆弱水印是特殊的水印,它的稳健性介于鲁棒水印和脆弱水印之间,可以判定图像经受的是普通信号处理操作还是图像内容篡改操作。

B. LSB 算法可作为半脆弱水印算法,对图像的操作,无论是否影响图像内容,都将导致该算法判定图像被篡改。

C. P. W. Wong 水印系统是基于公钥图像认证和完整性数字水印系统,实质是脆弱水印系统。

D. 一些半脆弱水印算法是由鲁棒水印算法演变来的。

10. 关于 F5 算法隐写过的 JPEG 图像,下列哪种说法不正确(   )。

A. 与原始图像相比,隐写图像的 DCT 量化系数直方图更"瘦"、更"高"。

B. DCT 变换以小块为基本单位,高通滤波后,隐写图像小块间的不连续性更加明显。

C. 观察隐写图像的灰度直方图可以发现值对频度趋于相等。

D. 隐写图像的 DCT 量化系数直方图不会出现偶数位置色柱比奇数位置色柱更突出的现象。

11. 下列哪些不是描述信息隐藏的特征(   )。

A. 误码不扩散。

B. 隐藏的信息和载体物理上可分割。

C. 核心思想为使秘密信息"不可见"。

D. 密码学方法把秘密信息变为乱码,而信息隐藏处理后的载体看似"自然"。

12. 下面哪个领域不是数字水印应用领域(   )。

A. 版权保护   B. 盗版追踪

C. 保密通信   D. 复制保护

13. 下列哪种隐藏属于文本的语义隐藏(   )。

A. 根据文字表达的多样性进行同义词置换。

B. 在文件头、尾嵌入数据。

C. 修改文字的字体来隐藏信息 。

D. 对文本的字、行、段等位置做少量修改。

14. 关于 F5 隐写算法,下列描述正确的是(   )。

A. 算法引入了矩阵编码,提高了载体数据利用率,减少了 LSB 算法的修改量。

B. DCT 系数量化是分块进行的,不同小块之间会有一定的不连续性,F5 隐写后,小块间的不连续性更明显。

C. 隐写会导致奇异颜色数目小于与其对应的颜色数目,嵌入量越大,这种差距越明显。

D. 隐写导致值对出现次数趋于相等。

15. 攻击者只有隐蔽载体,想从中提取秘密信息,属于(　　)。

A. Known-cover attack

B. Stego-only attack

C. Chosen-message attack

D. Known-message attack

16. 下列关于相位隐藏算法描述正确的是(　　)。

A. 相位隐藏利用了人耳听觉系统特性:HAS能察觉语音信号中的微弱噪声,但对其相位的相对变化不敏感。

B. 虽然样点的绝对相位发生了变化,但相邻片断间的相对相位保持不变,可以获得较好隐藏效果。

C. 采用改算法,每秒一般可隐藏8 000 bit秘密信息。

D. 相位隐藏的原理是利用掩蔽效应,利用人耳难以感知强信号附近的弱信号来隐藏信息。

17. 信息隐藏可以采用顺序或随机隐藏。例如,若顺序隐藏,秘密信息依此嵌入到第1, 2,3,…个样点中,而随机方式,秘密信息的嵌入顺序则可能是第10,2,3,129,…个载体中。已知发送方采用随机方式选择隐藏位置,算法选择LSB,携带秘密信息的载体在传输过程中有部分发生了变化,则下列说法正确的是(　　)。

A. 虽然秘密信息采用信息隐藏的方法嵌入,但嵌入位置由密码学方法确定。根据密码学特性:即使只错一个比特,信息也无法正确解码,可以判定接收方提取到的全是乱码。

B. 收发双方一般采用其他信道传输密钥,出现部分传输错误的不是密钥,因此,接收方能够正确提取秘密信息。

C. LSB算法鲁棒性差,嵌入到传输错误的那部分载体中的秘密信息,很可能出现误码,但根据信息隐藏"误码不扩散"的特性可知,其他部分的秘密信息还是能够正确恢复的。

D. 信息隐藏的核心思想是使秘密信息不可见。既然采用信息隐藏的方法传输秘密信息,那么传输的安全性只取决于攻击者能否检测出载体携带了秘密信息,因此,采用随机隐藏的方式不会增强通信的安全性。

18. 某算法将载体次低有效比特位替换为秘密信息,已知某灰度图像经过了该算法处理,其中三个样点的灰度值为132、127和136,则可从中提取的秘密信息为(　　)。

A. 101　　　　　B. 110　　　　　C. 010　　　　　D. 001

19. 下图为等响曲线图,其横轴表示单音的频率,单位为Hz。纵轴表示单音的物理强度——声强,单位为W/cm²(纵轴左侧坐标单位),为便于表示,也常用声强级(10^{-16}W/cm²为0dB),单位为dB(纵轴右侧坐标单位)。两单位可直接换算,例如,10^{-14}W/cm² 对应$10\log(10^{-14}/10^{-16})$dB=20 dB。图中曲线为响度级,单位为方。离横轴最近的曲线响度级为0方,称听阈,是人在安全环境下恰好能够听见的声音;离横轴最远的曲线响度级为120

方,称痛阈,人耳听见这样的声音会疼痛。则下列描述不正确的是(　　)。

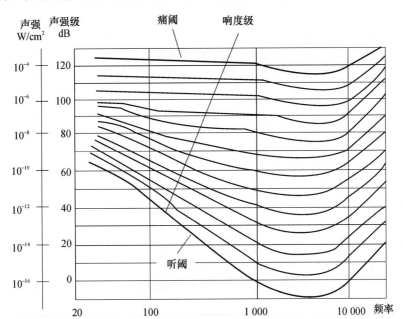

A. 根据图中数据,人耳难以感知 100 Hz,10 dB 的单音,因为其响度级在听阈之下。

B. 根据图中数据,100 Hz,50 dB 左右的单音和 1 000 Hz,10 dB 的单音在一条曲线上,因此,人耳听来,这两个单音同等响亮。

C. 图中各条等响曲线在 20~1 000 Hz 区间内呈下降趋势,说明该区间内,人耳对频率较低的单音更加敏锐。

D. 由图可知,不同频率相同声强级的单音响度级不同,说明响度是人耳对声音强度的主观感受,而人耳对不同频率的声音的敏感程度不同。

20. 对于使用了 LSB 隐藏的灰度图,可用三种方法检测。

第一种,卡方分析。原理如下:LSB 隐写改变了原始图像的直方图统计特性,使得灰度值为 $2i$ 和 $2i+1$ 的像素出现频度趋于相等。

第二种,RS 分析。原理如下:对自然图像,非负和非正翻转同等程度地增加图像的混乱程度;而对于 LSB 隐写图像,使用非负翻转会导致经历两次翻转的像素的灰度值该变量为零,因此翻转后正常和异常图像块比例差值会随隐写率的增大而减小;而对 LSB 隐写图像使用非正翻转后,经历两次翻转的像素的灰度值该变量为 2,因此正常和异常图像块比例差值不会随隐写率的增大而减小。

第三种,GPC 分析。原理如下:定义两个与 XY 平面平行的且没有交集的平面簇,分别记图像穿过两个平面簇的次数为 N_0 和 N_1。对于自然图像,N_0 近似等于 N_1;对于 LSB 隐写图像,N_1 随隐写率增大而增加。

现有一幅纹理丰富的待检测图像有可能经过了 LSB 隐写,则下面说法不正确的是(　　)。

A. 若秘密信息不是连续隐藏的,则卡方分析可能失效,而 RS 和 GPC 分析则不受该因素影响。

B. 图像纹理丰富时,自然图像的 N_1 和 N_0 很大,LSB 隐写引起的变化不明显,因此

GPC 分析可能失效。

    C. 若隐写时使用的不是普通 LSB 算法,而是预留了部分像素用于平衡由隐写带来的直方图的变化,那么 RS 分析可能失效。

    D. 若隐写时使用的不是普通 LSB 算法,像素不是在值对 $2i$ 和 $2i+1$ 间翻转,$2i$ 可能变为 $2i-1$,$2i+1$ 可能变为 $2i+2$,那么 GPC 分析可能失效。

    21. 对二值图像可采用调整区域黑白像素比例的方法嵌入秘密信息。确定两个阈值 $R_0<50\%$ 和 $R_1>50\%$,以及一个稳健性参数 λ。隐藏 1 时,调整该块的黑色像素的比使之属于 $[R_1, R_1+\lambda]$;隐藏 0 时,调整该块黑色像素的比例使之属于 $[R_0-\lambda, R_0]$。如果为了适应所嵌入的比特,目标块必须修改太多的像素,就把该块设为无效。标识无效块:将无效块中的像素进行少量的修改,使得其中黑色像素的比例大于 $R_1+3\lambda$,或者小于 $R_0-3\lambda$。则下列说法不正确的是(   )。

    A. 稳健性参数 λ 越大,算法抵抗攻击的能力越强。

    B. 稳健性参数 λ 越大,算法引起的感官质量下降越小。

    C. 引入无效区间主要是为了保证算法的透明性。

    D. 算法所有参数都确定时,也不能准确计算一幅图像能隐藏多少比特信息。

四、判断题

    1. 采用基于格式的信息隐藏方法,能够隐藏的秘密信息数与图像像素数目无关。 ( )

    2. 等响曲线反映了人耳对不同频率声音的分辨能力不同:不同频率的单音,虽然其声波幅度大小不同,但如果听起来同样响亮,那么它们在同一条等响曲线上。 ( )

    3. 人眼在一定距离上能区分开相邻两点的能力称为分辨力。当物体的运动速度大时,人眼分辨力会下降,且人眼对彩色的分辨力要比对黑白的分辨力高。 ( )

    4. 动态软件水印的验证和提取必须依赖于软件的具体运行状态,与软件文件的内容或存储不相关。 ( )

    5. 句法变换是一种文本语义隐藏方法。 ( )

    6. 水印算法的透明度是指算法对载体的感官质量的影响程度,透明度高意味着人类感知系统难以察觉载体感官质量的变化。 ( )

    7. 客观评价指标不一定与主观感受相符,对于峰值信噪比相同的图像,由于人眼关注区域不同,评价者给出的主观打分可能不同。 ( )

    8. 图像的脆弱水印不允许对图像进行任何修改,任何修改都会导致图像中水印信息丢失。 ( )

    9. 使用 LSB 算法嵌入秘密信息的图像,经过打印扫描后,仍然能从中正确提取秘密信息。 ( )

    10. 文本信息隐藏中的语义隐藏主要是通过调整文本格式来达到隐藏信息的目标。 ( )

    11. 水印按照特性可以划分为鲁棒性水印和脆弱性水印,用于版权标识的水印属于脆弱性水印。 ( )

    12. 增加冗余数是保持软件语义的软件水印篡改攻击方法之一。 ( )

    13. 图像的脆弱水印允许对图像进行普通信号处理操作,如滤波,但篡改内容的操作将导致水印信息丢失。 ( )

14．静态软件水印包括静态数据水印和静态代码水印。　　　　　　　　　（　　）

15．与原始图像相比,采用 F5 算法隐写的图像,其 DCT 量化系数直方图更"瘦"、更"高"。　　　　　　　　　　　　　　　　　　　　　　　　　　　（　　）

16．语音信号大部分信息保存在幅值较低部分,因此用峰值消波滤去高幅值信号对语音清晰度影响较小。　　　　　　　　　　　　　　　　　　　　　　　（　　）

17．心理声学实验表明:人耳难以感知位于强信号附近的弱信号,这种声音心理学现象称为掩蔽。强信号称为掩蔽音,弱信号称为被掩蔽音。　　　　　　　　（　　）

18．人眼在一定距离上能区分开相邻两点的能力称为分辨力。人眼分辨力受物体运动速度影响,人眼对高速运动的物体的分辨力强于对低速运动的物体的分辨力。（　　）

19．隐写分析可分为感官、特征、统计和通用分析。patchwork 算法调整图像两个区域亮度,使之有别于自然载体:即两区域亮度不相等,因此是一种感官分析方法。（　　）

20．半脆弱水印技术主要用于内容篡改检测,因为对半脆弱水印图像进行普通信号处理。例如,JPEG 压缩、去噪等,不会影响水印的提取,但对图像内容的篡改将导致水印信息丢失。　　　　　　　　　　　　　　　　　　　　　　　　　　（　　）

21．主观评价方法依赖人对载体质量做出评价,其优点符合人的主观感受,可重复性强,缺点是受评价者疲劳程度、情绪等主观因素影响。　　　　　　　　（　　）

22．信息隐藏的核心思想是使秘密信息不可懂。　　　　　　　　　　　（　　）

23．很多隐写和数字水印算法原理相同,但算法性能指标优先顺序不同。相较而言,数字水印算法更重视透明性,隐写算法更重视鲁棒性。　　　　　　　　（　　）

24．LSB 算法简单,对载体感官质量影响小,鲁棒性较差是其弱点之一。　（　　）

25．隐写分析可分为感官、特征、统计和通用分析,RS 隐写分析是一种感官隐写分析算法。　　　　　　　　　　　　　　　　　　　　　　　　　　　　　（　　）

26．客观评价指标不一定符合主观感受。例如,经参数编码后重建的语音,由于波形发生较大变化,因此用客观评价指标——信噪比评估的听觉效果可能很差,但实际听觉效果可能很好。　　　　　　　　　　　　　　　　　　　　　　　　　　　（　　）

五、简答题

1．信息隐藏最重要一种特征不可感知性(透明性)表示的大致含义是什么?

2．简述什么是回声隐藏算法。

3．简述什么是音频文件的相位信息隐藏算法。

4．简述无密钥信息隐藏系统。

5．简述半脆弱水印和脆弱水印的主要区别。

6．密码学的目标是让秘密信息看不懂,信息隐藏的目标是让秘密信息看不见,简述密码学和信息隐藏的主要区别。

7．简述保持软件语义的篡改攻击。

8．简述水印攻击算法中的马赛克攻击。

9．简单描述一种在 BMP 图像格式位图文件的两个有效数据结构之间隐藏信息的方法。

10．结构微调法是对文本的空间特征进行轻微调整来嵌入秘密信息的方法,一般采用的方法是行移位编码、字移位编码和特征编码三种方法,简述以上三种方法。

11. 下图是 GPC 分析方法数据图,横轴表示嵌入率,纵轴表示特定嵌入率下计算所得的 N_1 与 N_0 的比值,不同曲线是对光滑程度不同的图像作分析得到的结果(星形点折线由最光滑的图像分析而得,菱形点折线由文理最复杂的图像分析而得)。分析从图像中可以得到两个结论。

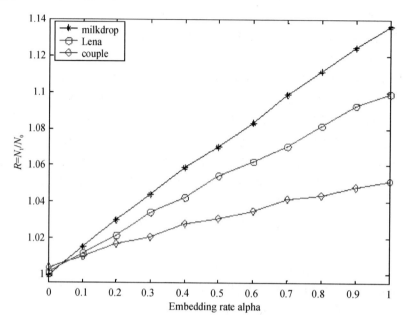

12. 在隐写分析中,要在原始载体、嵌入信息后的载体和可能的秘密信息之间进行比较。和密码学相类似,隐写分析学也有一些相应攻击类型根据已知消息的情况,参考密码分析的分类方法,对信息隐藏检测的分类,可以分为几类? 简单描述这几种类型。

13. 简述嵌入效率和载体数据利用率的含义,嵌入效率高意味着什么?(从透明度和容量两方面分析。)

14. 简述信息隐藏算法的三个主要性能评价指标及其含义。

15. 简述卡方分析、RS 分析和 GPC 分析的原理。

16. 根据攻击者掌握信息的不同,隐写分析可分为哪五类,请简单介绍。

17. 根据嵌入码流类型的不同可将视频水印方案分为三类,请简要介绍这三种类型的水印方案。

18. 隐写术与数字水印的区别。

19. 隐写分析的目标是什么?

20. 简述什么是针对水印鲁棒性的几何攻击。

21. 信息隐藏评价的指标有三个,分别是不可感知性、鲁棒性和容量,但是这三个性能指标之间相互制约,请简单介绍这三种性能指标,并简要描述这三种性能指标之间的关系。

22. 隐写分析中的正确性一般采用虚警率和漏检率来表示,请简单描述什么是虚警率和漏检率。

23. 信息隐藏的研究也分为三个层次,分别是基础理论研究、应用基础研究和应用技术研究,简述每个研究层次的研究内容。

24. 简述一种渐进图像水印算法。

25．简述信息隐藏的 Costa 通信模型。

26．基于信息论的通信模型是否能最准确地描述信息隐藏问题？

27．信息隐藏的最直接约束条件是"不引起载体的可察觉改变"，这一点的度量是否准确？

28．简述 LSB 隐写分析 χ^2 分析方法的基本原理。

29．简述 LSB 隐写分析 RS 分析方法的基本原理。

30．简述 LSB 隐写分析 GPC 分析方法的基本原理。

31．简述真彩色图像中的 RQP 隐写分析。

32．简述 JPEG 的压缩过程。

33．简述 F3 隐写的原理。

六、综合实践题

1．调色板图像像素位置处存储的不是真正的颜色分量，而是颜色编号。图像中出现的颜色及其编号存储在调色板中。若用 R、G、B 表示彩色图像颜色分量，则可用近似公式 $Y=0.3R+0.5G+0.1B$ 来计算该颜色的近似亮度。已知某彩色图像调色板共有 4 种颜色，分别是 $(167,142,172)$、$(162,175,210)$、$(214,167,172)$、$(176,205,231)$，其序号为 $0\sim3$，请利用近似亮度计算公式并采用 LSB 算法在下列像素亮度域上隐藏秘密信息 0101。4 个像素的颜色序号为 3、2、2、0。要求写出过程及隐藏后，上述像素的颜色序号。（隐藏步骤为：根据近似亮度公式计算四种颜色所对应亮度，并按升序排列，在亮度域上进行 LSB。假设颜色序号按亮度排序为 3012，即 3 号颜色：176、205、231 的亮度序号为 0，此时，若在颜色序号为 3 的像素上隐藏秘密信息 1，由于 3 号颜色的亮度序号 0 的最低比特位与秘密信息不同，因此亮度序号替换为 1，对应的颜色编号为 0，这样隐藏信息后，样点颜色由 3 号变为 0 号。）

2．现接收到一使用 PVD 算法隐藏秘密信息的 8 bit 灰度图像（已知灰度划分为 6 个区域：$[0,7]$、$[8,15]$、$[16,31]$、$[32,63]$、$[64,127]$、$[128,255]$），并且从隐藏区域计算出的相邻像素灰度差值为：13、30、129，则可从中提取的秘密信息是什么？（提示：若原始载体相邻像素灰度差值为 11，则其差值落入区间 $[8,15]$，区间宽度为 8，可以隐藏 $\log2(8)=3$ bit 秘密信息，假设秘密信息为 $B(111)=D(7)$，则隐藏后像素灰度差值应该调整为 $7+8=15$；反之，若携密载体相邻像素灰度差值为 11，其差值也落入区间 $[8,15]$，区间宽度为 8，则隐藏的消息长度为 $\log2(8)=3$ bit，因此秘密信息为 $D(11-8)=D(3)=B(011)$。）

3．已知某图像轮廓的游程编码为 $<a_0,5><a_1,4><a_2,3><a_3,7>$。现需修改游程长度以隐藏秘密信息，约定隐藏 0 时游程长度为偶数（约定长度在 $2i$ 和 $2i+1$ 之间翻转，例如，$2-3$，$4-5$，…），则隐藏秘密信息 1100 后，游程编码变为什么？

4．F5 算法对量化 DCT 系数采用类似 LSB 的技术隐藏秘密信息。

第一，F5 约定在非零系数上隐藏秘密信息，若隐藏后系数变为零，则在下一系数继续隐藏同一秘密信息。

第二，F5 算法中，正奇负偶表示 1，负奇正偶表示 0，如果要隐藏的比特与系数所表示的比特一致，则不改变系数，否则，保持该系数符号，将其绝对值减 1。

第三，F5 算法采用了矩阵编码技术。2^k-1 个像素最多修改 1 个像素就可以嵌入 k 比特秘密信息。以 $k=2$ 为例，用 a_1、a_2、a_3 表示原始载体，x_1、x_2 表示要嵌入的秘密信息。则若 $x_1=a_1\oplus a_3$，$x_2=a_2\oplus a_3$，不改变原始数据；若 $x_1\ne a_1\oplus a_3$，$x_2=a_2\oplus a_3$，改变 a_1；若 $x_1=a_1\oplus a_3$，$x_2\ne a_2\oplus a_3$，改变 a_2；若 $x_1\ne a_1\oplus a_3$，$x_2\ne a_2\oplus a_3$，改变 a_3。

请根据以上信息求解下述问题：

（1）定义载体数据利用率（R）为秘密信息数/隐藏秘密信息所需样点数，即，若隐藏 N 比特秘密信息所要 M 个样点，则 $R=N/M$，问：$k=2$ 时，F5 算法的载体数据利用率为多少？普通 LSB 算法载体数据利用率为多少？

（2）定义嵌入效率（E）为嵌入比特数/平均修改长度，则 $k=2$ 时，F5 算法的嵌入效率为多少？普通 LSB 算法嵌入效率为多少？试根据矩阵编码的思想，推算 $k=3$ 时的嵌入效率。

（3）若要嵌入 010111，可用的 DCT 系数为：$7,27,-1,1,-22,-14,4,8,-7$，则使用 F5 算法嵌入信息后，DCT 系数为多少？若其他步骤相同，但不采用矩阵编码，则嵌入信息 101011 后 DCT 系数为多少？

（4）若已知系数 $1,24,-1,1,-26,-14,4,2,-11$ 使用 F5 算法嵌入了秘密信息，则从中可提取的信息为什么？

5. 调色板图像格式可简单理解为两个逻辑区域：一个区域为"调色板"，存储颜色及颜色编号；一个区域为图像数据，存储像素值，由于"调色板"区域已经存储了所有可能出现的颜色，因此该区域不需要存储颜色，只需存储颜色在调色板中的编号。

EzStego 是一种简单有效的隐写工具，可用于调色板图像。其算法思路是在亮度域上进行 LSB。详细步骤：首先将调色板颜色按照亮度进行升序排列，然后为每个颜色分配一个亮度序号，最后在亮度域进行 LSB。例如：若编号为 3、7 的颜色其亮度相邻，得到的编号是 4、5，则在值为 3 的像素处嵌入秘密信息 1，由 3 号颜色对应的亮度号 4 可知，LSB 后，4 号亮度变为 5，5 号亮度对应 7 号颜色，所以，值为 3 的像素处嵌入秘密信息 1 后，值变为 7。

假设颜色亮度可通过近似公式为：$Y=0.3*R+0.6*G+0.1*B$，且已知某图像调色板为：$0:<24,231,117>,1:<40,215,206>$（青），$2:<251,241,57>$（明黄），$3:<238,70,87>$（桃红）。请根据算法解答下列问题。

（1）若在值为 203231 的像素上使用 EzStego 隐藏比特"111000"，则像素值变为多少？

（2）若已知图像经过 EzStego 处理，且像素值为 213031，则可提取秘密信息比特为多少？

6. BPCS 位平面复杂度分割算法将信息嵌入变化剧烈、复杂度较高的位平面小块，使得秘密信息可以加载在多个位平面。复杂度定义为所有相邻像素对中取值不同的像素对数目。例如，8×8 的小块，复杂度为 $0\sim112$。嵌入信息时，将复杂度大于 αC_{max} 的位平面小块用于负载秘密信息，将秘密信息组成位平面小块，如果其复杂度大于 αC_{max}，则直接替换原位平面小块；如果其复杂度小于等于 αC_{max}，则需要作共轭处理（将秘密信息小块与棋盘状小块作异或，共轭处理后复杂度为 $\alpha C_{max}-c$），并记录下哪些小块经过共轭处理。现假设像素灰度值为 3 bit 量化，小块尺寸为 2×2，棋盘状小块比特按行优先顺序为 1001，α 为 0.45。请根据算法解答下列问题：

（1）按行优先方式，信息序列为 1001 1111 1010，像素为 7,6,4,1，请回答这些像素能隐藏多少比特数据？隐藏后像素值变为多少？（约定：先嵌入较低比特平面，若需共轭，请注明哪个平面作了共轭处理。）

（2）若像素 7,6,4,1 已使用 BPCS 算法嵌入了秘密信息，并且所有平面均没有使用共轭处理，则从中能提取的秘密信息为什么？

（3）算法要求 $\alpha<0.5$，试分析该要求的理由。（提示：考虑共轭处理环节）并请指明调整参数 α 对算法的哪项指标有影响。为什么？

综合复习题二

一、选择题

1. 某算法将载体次低有效比特位替换为秘密信息,已知某灰度图像经过了该算法处理。其中三个样点的灰度值为 131、126、137,则可从中提取的秘密信息为(　　)。

A. 0,0,1　　　　　B. 0,1,0　　　　　C. 1,1,0　　　　　D. 1,0,1

2. 下面哪个领域不是数字水印应用领域(　　)。

A. 盗版追踪　　　　　　　　　　B. 版权保护

C. 复制保护　　　　　　　　　　D. 保密通信

3. 下列哪种隐藏属于文本语义隐藏(　　)。

A. 在文件头、尾嵌入数据

B. 句法变换

C. 对文本的字、行、段等位置做少量修改

D. 修改文字的字体来隐藏信息

4. 卡方分析的原理是(　　)。

A. 非负和非正翻转对自然图像和隐写图像的干扰程度不同。

B. 利用图像空间相关性进行隐写分析。

C. 图像隐写后,其穿越平面簇 $z=0.5,2.5,4.5,\cdots$ 的次数增加。

D. 图像隐写后,灰度值为 $2i$ 和 $2i+1$ 的像素出现频率趋于相等。

5. LSB 是一种重要的信息隐藏算法,下列描述不正确的是(　　)。

A. LSB 算法会引起值对出现次数趋于相等的现象。

B. 对图像和语音都可以使用 LSB 算法。

C. LSB 可以用于信号的样点和量化 DCT 系数。

D. LSB 算法简单,透明度高,滤波等信号处理操作不会影响秘密信息的提取。

6. 下列说法不正确的是(　　)。

A. 信息隐藏的主要分支包括:隐写术、数字水印、隐蔽信道和信息分存等。

B. 数字水印的主要应用包括:版权保护、盗版跟踪、保密通信和广播监控等。

C. 信息隐藏的主要思路是使秘密信息不可见,密码学的主要思路是使秘密信息不可懂。

D. 信息隐藏研究包括:正向研究和逆向研究,逆向研究的内容之一是信息隐藏分析。

7. 掩蔽效应分为(　　)和(　　),或(　　)和(　　),后者又分为(　　)和(　　)。

A. 同时掩蔽　　　　　　　　　　B. 时域掩蔽

C. 频域掩蔽　　　　　　　　　　D. 超前掩蔽

E. 滞后掩蔽　　　　　　　　　　F. 异时掩蔽

8. 下列描述不正确的是(　　)。

A. 限幅影响语音清晰度。

B. 峰值削波门限为幅值 2/3 时,语音清晰度受很大影响。

C. 中心削波门限为幅值 1/2 时,语音清晰度几乎全部丧失。

D. 语音信号大部分信息保存在幅值较低部分。

9. 有关基于格式的信息隐藏技术,下列描述不正确的是(   )。

A. 隐藏内容可以存放到图像文件的任何位置。

B. 隐藏效果好,图像感观质量不会发生任何变化。

C. 文件的复制不会对隐藏的信息造成破坏,但文件存取工具在保存文档时可能会造成隐藏数据的丢失,因为工具可能会根据图像数据的实际大小重写文件结构和相关信息。

D. 隐藏的信息较容易被发现,为了确保隐藏内容的机密性,需要首先进行加密处理,然后再隐藏。

10. 如果对调色板图像像素采用 LSB 方法进行处理以隐藏数据,下列描述不正确的是(   )。

A. 索引值相邻的颜色对,其色彩或灰度可能相差很大,因此替换后图像感观质量可能会有明显下降。

B. 图像处理软件可能会根据颜色出现频率等重排颜色索引,因此隐藏的信息可能会丢失。

C. 方法的优点是可隐藏的数据量大,不受图像文件大小限制。

D. 为防止索引值相邻的颜色对色差过大,可以根据其色度或灰度预先进行排序,改变索引顺序,再对像素进行 LSB 替换。

11. 在二值图像中利用黑白像素的比率隐藏信息时,可以考虑引入稳健性参数,假设经过测试,已知某传输信道误码率的概率密度:误码率低于 1‰ 的概率为 0.8,误码率低于 5‰ 的概率为 0.9,误码率低于 10‰ 的概率为 0.95,…。则:为保证隐藏信息正确恢复的概率不低于 90‰,稳健性参数至少为(   )。

A. 1‰   B. 5‰   C. 10‰   D. 50‰

12. 已知某图像轮廓的游程编码为 $<a_0,3><a_1,4><a_2,4><a_3,7>$。现需修改游程长度以隐藏秘密信息,约定隐藏 0 时游程长度为偶数(约定长度在 $2i$ 和 $2i+1$ 之间翻转,例如 $2-3$,$4-5$,…),则隐藏秘密信息 1100 后,游程编码变为(   )。

A. $<a_0,3><a_1,5><a_2+1,2><a_3-1,8>$

B. $<a_0,3><a_1,5><a_2,2><a_3,8>$

C. $<a_0,5><a_1+2,5><a_2+2,4><a_3+2,8>$

D. $<a_0,5><a_1+2,3><a_2+1,4><a_3+1,8>$

13. 现接收到一使用 DCT 系数相对关系(隐藏 1 时,令 $B(u_1,v_1)>B(u_3,v_3)+D$,且,$B(u_2,v_2)>B(u_3,v_3)+D$)隐藏秘密信息的图像,已知 $D=0.5$,对该图像作 DCT 变换后,得到约定位置 $((u_1,v_1)(u_2,v_2)(u_3,v_3))$ 的系数值为 $(1.6,2.1,1.0)$,$(0.7,1.2,1.8)$,$(0.9,1.8,1.2)$,则可从中提取的秘密信息是(   )。

A. 0,1,1   B. 1,0,0

C. 1,0,无效   D. 0,1,无效

14. 关于隐写分析,下列说法不正确的是(　　)。

A. 设计图像隐写算法时往往假设图像中 LSB 位是完全随机的,实际使用载体的 LSB 平面的随机性并非理想,因此连续的空域隐藏很容易受到视觉检测。

B. 感观检测的一个弱点是自动化程度差。

C. 统计检测的原理:大量比对掩蔽载体和公开载体,找出隐写软件特征码。

D. 通用分析方法的设计目标是不仅仅针对某一类隐写算法有效。

15. 卡方分析的原理是(　　)。

A. 利用图像空间相关性进行隐写分析。

B. 非负和非正翻转对自然图像和隐写图像的干扰程度不同。

C. 图像隐写后,灰度值为 $2i$ 和 $2i+1$ 的像素出现频率趋于相等。

D. 图像隐写后,其穿越平面簇 $z=0.5, 2.5, 4.5, \cdots$ 的次数增加。

16. 关于 RS 分析,下列说法不正确的是(　　)。

A. 对自然图像,非负和非正翻转同等程度地增加图像的混乱程度。

B. 对隐写图像,应用非负翻转后,规则与不规则图像块比例的差值随隐写率的增大而减小。

C. 对隐写图像,应用非正翻转后,$R-m$ 与 $S-m$ 的差值随隐写率的增大而减小。

D. RS 分析和 GPC 分析都是针对灰度值在 $2i$ 和 $2i+1$ 间,在 $2i$ 和 $2i-1$ 间翻转的不对称性进行的。

17. 下列关于改进算法的描述,不正确的是(　　)。

A. 最小直方图失真隐写算法在尽量保持 F1 和 F-1 翻转平衡的情况下,使直方图在隐写前后变化量尽可能小,可以抵抗卡方分析。

B. 直方图补偿隐写算法确保隐写后,直方图中 $2i$ 和 $2i+1$ 的频度不再趋于相等,因此可以抵抗 RS 分析。

C. 改进 LSB 隐写算法翻转像素灰度时,$2i$ 不仅可以变为 $2i+1$,也可以变为 $2i-1$。

D. 改进 LSB 隐写算法可以抵抗卡方、RS 和 GPC 分析。

二、填空题

1. 掩蔽效应分为频域掩蔽和_____,或_____和异时掩蔽,后者又分为_____和_____。

2. 任何水印算法都需要在_____、_____和_____三种性能参数之间完成平衡。

3. 根据水印被加载的时刻,软件水印可分为_____水印和_____水印;按照嵌入位置分类,软件水印可分为_____水印和_____水印。

4. 在无符号 8 比特量化的音频样点序列 00010011、0011 0110、0101 0010 使用 LSB 嵌入 010,则样点序列变为_____。

5. 信息隐藏的研究分为三个层次,分别是_____、_____和_____。

三、名词解释(写出简写的中文名称)

1. DWT

2. MOS

3. PSNR

4. HAS

5. DFT

四、简答题

1. 密码学的目标是让秘密信息看不懂,信息隐藏的目标是让秘密信息看不见。简述密码学和信息隐藏的主要区别。

2. 什么是被动隐写分析?什么是主动隐写分析?它们各有什么特点?

五、判断题

1. 水印按照特性可以划分为鲁棒性水印和脆弱性水印,用于版权标识的水印属于鲁棒性水印。 ( )

2. 模块并行化是保持软件语义的软件水印篡改攻击方法之一。 ( )

3. 图像处理前后的峰值信噪比越小,图像质量降低得就越少。 ( )

4. 数字指纹水印中需要嵌入购买者的个人信息。 ( )

5. 文本信息隐藏中的语义隐藏主要是通过调整文本格式来达到隐藏信息的目标。

( )

6. 等响曲线反映了人耳对不同频率声音的分辨能力不同。不同频率的单音,其声波幅度大小不同,但如果听起来同样响亮,那么它们在同一条等响曲线上。 ( )

7. 心理声学实验表明,人耳难以感知位于强信号附近的弱信号,这种声音心理学现象称为掩蔽。强信号称为被掩蔽音,弱信号称为掩蔽音。 ( )

8. 掩蔽音和被掩蔽音同时存在所产生的掩蔽效应称为同时掩蔽或时域掩蔽,否则称为异时掩蔽或频域掩蔽。 ( )

9. 异时掩蔽(时域掩蔽)又分为超前掩蔽(pre-masking)和滞后掩蔽(post-masking),超前掩蔽指掩蔽效应发生在掩蔽音开始之前,滞后掩蔽则指掩蔽效应发生在掩蔽音结束之后。产生时域掩蔽是因为大脑分析处理信号要花一些时间。 ( )

10. MOS(Mean Opinion Score)又称为平均意见分,是应用最广泛的客观评价方法。让试听者对语音的综合音质打分,总共划分为 3 个等级,平均所有人的打分得到的是平均意见分。 ( )

11. 语音信号是平稳信号,即其参数是时不变的。语音信号同时具有短时平稳特性,在 100 ms 时间内,可以认为信号是平稳的。 ( )

12. 从语音信号中取一帧信号,称为加窗。两帧信号必须重叠,重叠的部分称为帧移,通常是帧长的 1/3。 ( )

13. 窗函数的形状和长度对语音信号分析无明显影响,常用 RectangleWindow 以减小截断信号的功率泄漏。 ( )

14. 波形编码通过对语音信号特征参数的提取并编码,力图使重建的语音信号具有较高的可懂度。 ( )

15. 参数编码的设计思想是使重建语音波形与原始语音信号波形基本一致,话音质量较好。 ( )

16. 语音信号的幅度值的分布满足均匀分布,对语音信号进行 PCM 编码时,适合采用均匀量化。 ( )

六、综合实践题

一、使用 LSB 算法隐藏信息，原始图像是一个 8×8 的灰度图像，64 个点的像素值如下：

$$I=\begin{bmatrix} 139 & 144 & 149 & 153 & 155 & 155 & 155 & 155 \\ 144 & 151 & 153 & 156 & 159 & 156 & 156 & 156 \\ 150 & 155 & 160 & 163 & 158 & 156 & 156 & 156 \\ 159 & 161 & 162 & 160 & 160 & 159 & 159 & 159 \\ 159 & 160 & 161 & 162 & 162 & 155 & 155 & 155 \\ 161 & 161 & 161 & 161 & 160 & 157 & 157 & 157 \\ 162 & 162 & 161 & 163 & 162 & 157 & 157 & 157 \\ 162 & 162 & 161 & 161 & 163 & 158 & 158 & 158 \end{bmatrix}$$

间谍 A 需要使用 LSB 算法在图像中嵌入 attack09，表示攻击发起的时间是 9 点钟。

隐写步骤如下：

第一步：将秘密信息转化为比特流。0 的 ASCII 码值是 48，a 的 ASCII 码值是 97（十进制）。将 ASCII 值转换成 8 位二进制比特流。

第二步：逐行方式代替载体图像的最低比特位。

问隐写后的这 64 个样点像素值的十进制表示是多少，请使用 8×8 的矩阵表示。

七、设计题

1. 调色板图像格式可简单理解为两个逻辑区域：一个区域为"调色板"，存储颜色及颜色编号；另一个区域为图像数据，存储像素值，由于"调色板"区域已经存储了所有可能出现的颜色，因此该区域不需要存储颜色，只需存储颜色在调色板中的编号。EzStego 是一种简单有效的隐写工具，可用于调色板图像，其算法思路是在亮度域上进行 LSB。详细步骤：首先将调色板颜色按照亮度进行升序排列；然后为每个颜色分配一个亮度序号；最后在亮度域进行 LSB。例如，若编号为 3、7 的颜色其亮度相邻，得到的编号是 4、5，则在值为 3 的像素处嵌入秘密信息 1，由 3 号颜色对应的亮度号 4 可知，LSB 后，4 号亮度变为 5，5 号亮度对应 7 号颜色，所以，值为 3 的像素处嵌入秘密信息 1 后，值变为 7。

假设颜色亮度可通过近似公式为 $Y=0.3R+0.6G+0.1B$，且已知某图像调色板为：0：$<24,231,117>$，1：$<40,215,206>$（青），2：$<251,241,57>$（明黄），3：$<238,70,87>$（桃红）。请根据算法解答下列问题：

（1）若在值为 203231 的像素上使用 EzStego 隐藏比特"111000"，则像素值变为多少？

（2）若已知图像经过 EzStego 处理，且像素值为 213031，则可提取秘密信息比特为什么？

2. 已知某图像轮廓的游程编码如下：

$$<a_0, 3><a_1, 5><a_2, 4><a_3, 6>$$

现需修改游程长度以隐藏秘密信息，约定隐藏 0 时游程长度为偶数，隐藏 1 时游程长度为奇数（约定长度在 $2i$ 和 $2i+1$ 之间翻转，例如 2－3，4－5，…），则隐藏秘密信息 1100 后，游程编码变为什么？

用图示画出每一步隐藏信息后的游程变化。

3. 有一个 50 的样本集，其中 16 个原始载体，34 个隐写载体，经过算法检测后有 4 个自然载体误判为隐写载体，有 8 个隐写载体误判为自然载体。问此算法的正确率、误判率和漏判率各是多少？

4. 有一个大小为 4×4 的灰度图像,其灰度值为 $\begin{bmatrix} 1 & 2 & 2 & 3 \\ 4 & 5 & 6 & 7 \\ 8 & 7 & 7 & 9 \\ 3 & 4 & 7 & 6 \end{bmatrix}$,用 LSB 嵌入秘密信息

1101 1011 0011 1011,当隐写率为 100％时,采用逐行嵌入的方式嵌入秘密信息。绘制 4×4 灰度图像的原始直方图和隐写后的隐写直方图,并写出隐写后图像的灰度值。

5. 现接收到一使用 DCT 系数相对关系(隐藏 1 时,令 $B(u_1,v_1) > B(u_3,v_3) + D$,且, $B(u_2,v_2) > B(u_3,v_3) + D)$隐藏秘密信息的图像,已知 $D=0.5$,对该图像作 DCT 变换后, 得到约定位置$((u_1,v_1)(u_2,v_2)(u_3,v_3))$的系数值为$(1.6,2.2,1.0),(0.7,1.2,1.9)$, $(0.9,1.8,1.2)$,则可从中提取的秘密信息是多少?

综合复习题一参考答案

一、填空题

1. 冗余信息

2. 隐写术、数字水印、隐蔽通信

3. 响度、声调、音色

4. 响度、音调

5. 频域掩蔽、时域掩蔽、同时掩蔽、异时掩蔽、超前掩蔽、滞后掩蔽

6. 可懂度、自然度、可懂度、自然度

7. 亮适应性、暗适应性、暗适应性

8. 00011010、00111110、01011011、100

9. 高信息量区域、低信息量区域、关键区域、纹理区域

10. 代码、数据、静态、动态

11. 嵌入、提取、去除

12. 鲁棒性水印、脆弱性水印、图像水印、音频水印、视频水印、文本水印、明文检测水印、盲水印

13. 平均意见分

14. 参数编码

15. 容量

16. 像素失真

17. 透明性

18. 逆向研究

19. 亮度

20. 响度

21. 应用技术研究、应用基础研究、基础理论研究

22. 行移位编码、字移位编码、特征编码

二、名词解释

1. LSB：Least Significant Bit，最低有效位。

2. DCT：Discrete Cosine Transform，离散余弦变换。

3. DWT：Discrete Wavelet Transform，离散小波变换。

4. DFT：Discrete Fourier Transform，离散傅里叶变换。

5. DRM：Digital Rights Management，数字版权管理。

6. PSNR：Peak Signalto Noise Ratio，峰值信噪比。

7. Stego_only attack：仅知隐藏对象攻击。

8. Known cover attack：已知载体攻击。

9. Known message attack：已知隐藏消息攻击。

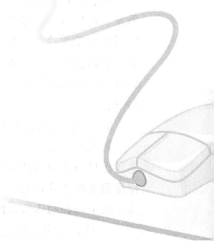

10. Chosen message attack：可选消息攻击。

11. Known stego attack：已知算法、载体和伪装对象攻击。

12. chosen stego attack：可选隐藏对象攻击。

13. Removal attack：去除攻击。

14. Collusion attack：合谋攻击。

15. MOS：Mean Opinion Score，平均意见分。

16. Fragile watermark：脆弱水印。

17. Invisible watermark：不可见水印。

18. Blind watermark：盲水印。

19. HAS：Human Audio System，人类听觉系统

20. HVS：Human Visual System，人类视觉系统。

21. Run-level conding：游程编码。

22. Fingerprinting：数字指纹。

23. JPEG：Joint Photographic Experts Group，联合图像专家组。

24. GIF：Graphics Interchange Format，可交换的文件格式。

25. MSE：Mean Square Error，均方误差。

26. Line Shift enconding：行移位编码。

三、单项选择题

1. A 2. C 3. D 4. A 5. D 6. A 7. C 8. B 9. B 10. C
11. B 12. C 13. A 14. B 15. B 16. B 17. C 18. C 19. C 20. C
21. B

四、判断题

1. √ 2. √ 3. × 4. √ 5. √ 6. √ 7. √ 8. √ 9. × 10. × 11. ×
12. √ 13. × 14. √ 15. √ 16. √ 17. √ 18. √ 19. × 20. √ 21. ×
22. × 23. × 24. √ 25. × 26. √

五、简答题

1. 信息隐藏最重要一种特征不可感知性（透明性）表示的大致含义是什么？

答：不可感知性包含两个方面的含义。第一是指隐藏的秘密信息不对载体在视觉或者听觉上产生影响。隐藏的信息附加在某种数字载体上，必须保证它的存在不妨碍和破坏数字载体的欣赏价值和使用价值，即不能因在一幅图像中加入秘密信息而导致图像面目全非，也不能因在音频中加入秘密信息导致声音失真。第二是要求采用统计方法不能恢复隐藏的信息，如对大量的用同样方法隐藏信息的信息产品采用统计方法也无法提取隐藏的秘密信息。

2. 简述什么是回声隐藏算法。

答：回声信息隐藏是利用人类听觉系统的一个特性：音频信号在时域的向后屏蔽作用，即弱信号在强信号消失之后变得无法听见。弱信号可以在强信号消失之后 50～200 ms 的作用而不被人耳觉察。音频信号和经过回声隐藏的秘密信息对于人耳朵来说，前者就像是从耳机中听到的声音，没有回声。而后者就像是从扬声器中听到的声音。

4. 简述无密钥信息隐藏系统。

答：如果一个信息隐藏系统不需要预先预定密钥，称为无密钥信息隐藏系统。在数学上，信息隐藏过程可以称为一个映射 $E:C\times M\to C'$，这里 C 表示所有可能载体的集合，M 表示所有可能秘密消息的集合，C' 表示所有伪装对象的集合。信息提取也是一个映射过程，$D:C'\to M$。发送方和接收方事先约定嵌入算法和提取算法，但这些算法都是要求保密的。

5. 简述半脆弱和脆弱水印的主要区别。

答：脆弱水印对各种图像信号处理操作都敏感，载体数据发生改变时，水印信息就丢失了。有的场合要求只要图像内容没有发生变化，就应该依然能够检测水印。例如，使用 JPEG 压缩图像后，图像内容没有发生变化，此时应该能够检测水印，因此产生了半脆弱水印算法。这种算法能够抵抗普通信号处理操作，如去噪、压缩等，但对内容篡改操作敏感。

6. 简述密码学和信息隐藏的主要区别。

答：密码学的主要思路是使秘密信息"不可懂"，秘密信息加密后变成乱码，容易引起攻击者怀疑。密码学方法产生的签名及秘密信息分别存储在不同的数据结构中，物理上可以剥离，攻击者甚至不需要改写信息，只要删除签名，就能使接受者无法使用没有篡改的秘密信息。密码学方法加密的秘密信息，哪怕错 1 bit，其他信息都无法恢复。

信息隐藏的主要思路是使秘密信息"不可见"，携带秘密信息的隐蔽载体与普通载体相似，不引起攻击者怀疑。秘密信息是掩蔽载体的一部分，在保证掩蔽载体使用价值的情况下，难以去除秘密信息，部分区域的秘密信息不能正确提取不会影响其他区域的信息提取。

7. 简述保持软件语义的篡改攻击。

答：保持软件语义的篡改攻击主要分为两大类：控制流程变换和数据变换。控制流程变换又包括：插入支路、增加冗余操作数、模块并行化、简单流程图复杂化、环语句变换和内嵌技术。数据变换又包括：数据编码、改变变量的存储方式和生存周期、拆分变量。

8. 简述水印攻击算法中的马赛克攻击。

答：马赛克攻击的方法是将图像分解成为许多个小图像，每一块小到不能进行可靠的水印检测，拼接后的图像与原始图像在感知上相同。马赛克攻击的目标是使得水印检测器检测不到水印的存在，因为马赛克攻击不改变图像的质量，但是水印的检测失效了。

9. 简单描述一种在 BMP 图像格式位图文件的两个有效数据结构之间隐藏信息的方法。

答：每种格式化的文件都有自己的文件结构，比如 BMP 图像就是由文件头、信息头、调色板区和数据区四个部分组成；BMP 图像可在 BMP 调色板和实际数据区之间隐藏秘密信息。

10. 结构微调法是对文本的空间特征进行轻微调整来嵌入秘密信息的方法，一般采用的方法是行移位编码、字移位编码和特征编码三种方法，简述以上三种方法。

答：行移位编码就是在文本的每一页中，每间隔一行轮流地嵌入水印信息。但嵌入信息的行的相邻上下两行的位置不动，作为参考，需嵌入信息的行根据水印数据的比特流进行轻微的上移和下移。在移动过的一行中编码一个比特信息，如果这一行上移，则编码为 1，如果这一行下移，则编码为 0。

字移位编码是通过将文本某一行中的一个单词进行水平移位。通常在编码过程中，将某一个单词左移或者右移，而与其相邻的单词并不移动，这些不动的单词作为解码过程中的参考位置。

　　特征编码是通过改变文档中某个字母的某一特殊特征来嵌入标记。在这种编码中,水印信息作为可见的噪声叠加到字母笔画的边缘和文本中图像的边界上,对噪声图像进行二值编码,从而达到嵌入水印的目的。比较典型的方法是设计两种字体。

　　11. 下图是 GPC 分析方法数据图,横轴表示嵌入率,纵轴表示特定嵌入率下计算所得的 N_1 与 N_0 的比值,不同曲线是对光滑程度不同的图像作分析得到的结果(星形点折线由最光滑的图像分析而得,菱形点折线由文理最复杂的图像分析而得)。分析从图像中可以得到两个结论。

　　答:第一,随着嵌入率的增加,N_1 与 N_0 的比值越来越大,因此越容易准确判断图像是否经过 LSB 类算法处理。第二,相同嵌入率情况下,图像越光滑,N_1 与 N_0 的比值越大,这是因为原始图像基数较小,所以比值对算法处理敏感,相对应地,嵌入秘密信息时,应尽可能选择文理丰富的载体,以增加安全性。

　　12. 在隐写分析中,要在原始载体、嵌入信息后的载体和可能的秘密信息之间进行比较。和密码学相类似,隐写分析学也有一些相应攻击类型根据已知消息的情况,参考密码分析的分类方法,对信息隐藏检测的分类,可以分为几类? 简单描述这几种类型。

　　答:

　　(1)仅知掩蔽载体攻击:分析者仅持有可能有隐藏信息的媒体对象,对可能使用的隐写算法和隐写内容等均全然不知,是完全的盲分析。

　　(2)已知载体攻击:将不含密的已知原始媒体与分析对象比较,检测其中是否存在差异。

　　(3)已知隐藏消息:分析者知道隐蔽的信息或者它的某种派生形式。

　　(4)可选隐藏对象:在已知对方所用隐写工具和掩蔽载体的基础上提取信息。

　　(5)可选消息:分析者可使用某种隐写工具嵌入选择的消息产生含密对象,以确定其中可能涉及某一隐写工具或算法的相应模式。

　　13. 简述嵌入效率和载体数据利用率的含义,嵌入效率高意味着什么?(从透明度和容量两方面分析。)

　　答:嵌入效率(嵌入比特数/平均修改长度)指平均每修改 1 个样点可以嵌入多少比特秘密信息,载体数据利用率(秘密信息总数/样点总数)指平均每个样点可以隐藏多少比特秘密信息。嵌入效率高意味着同样嵌入量,对图像的修改少,失真小。但与此同时,载体数据利用率下降,隐藏相同的秘密信息需要更多的像素。

　　14. 简述信息隐藏算法的三个主要性能评价指标及其含义。

　　答:信息隐藏算法的五个主要性能评价指标是指:透明性、容量、鲁棒性、安全性和可检测性。透明性描述算法对载体感官质量造成的影响,算法应该不显著影响载体感官质量。容量指在载体中能够嵌入的秘密信息总量,通常将之除以样本总数得到平均每样本嵌入量。鲁棒性指算法抵抗普通信号处理操作的能力。

　　15. 简述卡方分析、RS 分析和 GPC 分析的原理。

　　答:

　　(1)卡方分析原理:LSB 隐写会使值对出现次数趋于相等,据此采用大数定理可以构造服从卡方分布统计量,计算待检测图像的该统计量可以判定图像是否经过 LSB 隐写。

　　(2)RS 原理:对自然图像,非负和非正翻转同等程度地增加图像的混乱程度。而对隐写图像,采用非负翻转后,规则图像块比例和不规则图像块比例的差值随隐写率的增大而减小,采用非正翻转却不会出现上述情况。

(3) GPC 分析原理:GPC 分析也利用图像空间相关性进行隐写分析。对于自然图像,N_0(图像的三维曲面穿越平面簇 $z=1.5,3.5,\cdots,255.5$ 的次数)近似等于 N_1(图像的三维曲面穿越平面簇 $z=0.5,2.5,\cdots,254.5$ 的次数);而对于隐写图像,N_1 与 N_0 的比值随隐写率增大而增加。

16. 根据攻击者掌握信息的不同,隐写分析可分为哪五类,请简单介绍。

答:

(1) 仅知掩蔽载体攻击:分析者仅持有可能有隐藏信息的媒体对象,对可能使用的隐写算法和隐写内容等均全然不知,是完全的盲分析。

(2) 已知载体攻击:将不含密的已知原始媒体与分析对象比较,检测其中是否存在差异。

(3) 已知隐藏消息:分析者知道隐蔽的信息或者它的某种派生形式。

(4) 可选隐藏对象:在已知对方所用隐写工具和掩蔽载体的基础上提取信息。

(5) 可选消息:分析者可使用某种隐写工具嵌入选择的消息产生含密对象,以确定其中可能涉及某一隐写工具或算法的相应模式。

17. 根据嵌入码流类型的不同可将视频水印方案分为三类,请简要介绍这三种类型的水印方案。

答:根据嵌入码流类型的不同可将视频水印方案分为三类,分别是基于原始视频的水印方案、基于视频编码的水印方案和基于压缩视频的水印方案。基于原始视频的水印方案是将水印信息直接嵌入到原始的图像码流中,形成含有水印的原始视频信息,然后进行视频编码。这种方案可以充分利用静止图像的水印技术,结合视频帧的结构特点,形成适用于视频水印的方案。基于视频编码的水印方案是在编码时嵌入水印。当前视频的基本编码思想是运动补偿预测和基于块的编码。在编码压缩时嵌入水印,可以直接与视频编码器相结合。水印的嵌入和提取过程是在视频编解码器中进行。基于压缩域的水印信息是将水印信息直接嵌入到编码压缩后的比特流中,这种方案适用于不能直接介入视频编码过程、只能得到编码视频流的场合。

18. 隐写术与数字水印的区别。

答:隐写术与数字水印存在密切联系,特别是不可见水印和隐写术更难彼此区分。但是,隐写术和数字水印确实各有特点。首先是它们的目标不同,隐写术的主要目标是使得对手不能确认信息隐藏是否存在,而水印的主要目标是保护数字产品的知识产权。其次是评价标准不同,隐写术最重要的标价标准是透明性,数字水印最重要的评价标准是鲁棒性。

19. 隐写分析的目标是什么?

答:隐写分析技术是对表面正常的图像、音频等载体进行检测,以判断载体中是否隐藏有秘密信息,甚至只是指出媒体中存在秘密信息的可能性。另外,隐写分析还可以对看似可疑的载体实施主动攻击,即删除或者破坏嵌入的秘密信息以达到阻止隐蔽通信的目的。

20. 简述什么是针对水印鲁棒性的几何攻击。

答:水印信息的几何攻击包括:时间上和空间上的延迟(平移)、缩放和剪切。图像水印还包括:仿射变换。载体遭受几何攻击后,会失去水印的同步。

21. 信息隐藏评价的指标有三个,分别是不可感知性、鲁棒性和容量,但是这三个性能指标之间相互制约,请简单介绍这三种性能指标,并简要描述这三种性能指标之间的关系。

答: 信息隐藏的不可感知性、鲁棒性和容量是信息隐藏系统评价的三个主要特征,三者相互影响制约。不可感知性是指隐藏后的载体和隐藏前的载体之间感知相似度。信息隐藏的容量是指在单位时间或者在某一个作品中,隐藏的信息的数量。信息隐藏的鲁棒性是指隐藏信息的载体经过某些信号处理或者信道攻击后,隐藏的信息依然存在。

水印嵌入强度是提高鲁棒性的重要因素,即嵌入水印能量越大,鲁棒性越强,而水印的不可感知性将随之降低,不可感知性、鲁棒性和容量三者之间的矛盾是由信息隐藏系统的基本设计思路来决定的,不同的信息隐藏系统会在鲁棒性、不可感性和容量之间寻求一个平衡点。

22. 隐写分析中的正确性一般采用虚警率和漏检率来表示,请简单描述什么是虚警率和漏检率。

答: 虚警率是把非隐藏信息误判为隐藏信息的概率。漏检率是把隐藏信息错误判为非隐藏信息的概率。

23. 信息隐藏的研究也分为三个层次,分别是基础理论研究、应用基础研究和应用技术研究,简述每个研究层次的研究内容。

答: 基础理论研究主要针对感知理论、信息隐藏及其数字水印模型、理论框架和安全性理论等;应用基础研究的主要针对图像、声音、水印等载体,研究相应的数字水印隐藏算法和检测算法;应用技术研究以实用化为主要目的,研究各种多媒体格式的信息隐藏和数字水印技术在实际中的应用。

六、综合实践题

1. 答:

第一步:按照亮度对秘密信息排序

根据公式计算近似亮度

$$Y_0 = 0.3 * 167 + 0.5 * 142 + 0.1 * 172 = 138.3$$

$$Y_1 = 0.3 * 162 + 0.5 * 175 + 0.1 * 210 = 157.10$$

$$Y_2 = 0.3 * 214 + 0.5 * 167 + 0.1 * 172 = 164.90$$

$$Y_3 = 0.3 * 176 + 0.5 * 205 + 0.1 * 231 = 178.40$$

则按亮度升序排序颜色可得:

0	1	2	3
Y_0	Y_1	Y_2	Y_3

第二步:隐藏秘密信息

根据题目要求,在颜色序号为 3 的像素上隐藏秘密信息 0,3 号颜色的亮度序号为 3,最低比特位与秘密信息比特不同,替换为亮度号为 2 的颜色,即 2 号颜色,因此,隐藏秘密信息后,颜色序号为 2。

依此类推,可得隐藏秘密信息后,颜色序号变为 2321。

可按其他方式排序亮度编号,答案做相应更改。

2. 答：

携密载体相邻像素灰度差值为 13 时，该差值落入区间 $[8,15]$，区间宽度为 8，则隐藏的消息长度为 $\log2(8)=3$ bit，因此秘密信息为 $D(13-8)=D(5)=B(101)$。

携密载体相邻像素灰度差值为 30 时，该差值落入区间 $[16,31]$，区间宽度为 16，则隐藏的消息长度为 $\log2(16)=4$ bit，因此秘密信息为 $D(30-16)=D(14)=B(1110)$。

携密载体相邻像素灰度差值为 129 时，该差值落入区间 $[128,255]$，区间宽度为 128，则隐藏的消息长度为 $\log2(128)=7$ bit，因此秘密信息为 $D(129-128)=D(1)=B(000\ 0001)$。

综上可知，可以提取的秘密信息为 101 1110 000 0001

3. 答：

$<a_0,5>$ 游程长度最低比特与秘密信息一致，所以不需要改变编码。

$<a_1,4>$ 游程长度最低比特与秘密信息不同，游程编码因此变换为 $<a_1,5><a_2+1,2>$ $<a_3,7>$。

$<a_2+1,2>$ 游程长度最低比特与秘密信息一致，所以不需要改变编码。

$<a_3,7>$ 游程长度最低比特与秘密信息不同，游程编码因此变换为 $<a_3,6>$。

综上可知，隐藏秘密信息后，游程编码变为 $<a_0,5><a_1,5><a_2+1,2><a_3,6>$。

4.

(1)解：

F5 算法每 3 个样点负载 2 bit 信息，所以 $R=2/3\approx0.67$；

普通 LSB 算法每 1 个样点嵌入 1 bit 信息，所以 $R=1/1=1$。

(2)解：

$k=2$ 时，嵌入 2 bit 信息可能需要修改 a_1 或 a_2 或 a_3，或都不修改，这四种情况发生的概率相同，均为 0.25，因此嵌入效率 $E=2/(1\times0.25\times3+0\times0.25)=8/3\approx2.67$。

普通 LSB 每嵌入 1 bit 信息，修改或不修改样点的概率均为 0.5，因此嵌入效率 $E=1/(1\times0.5+0\times0.5)=2$。

根据矩阵编码的思想：2^k-1 个像素最多修改 1 个像素就可以嵌入 k 比特秘密信息，即有 2^k-1 种情况只修改 1 个像素，有 1 种情况 1 个像素都不修改，每种情况机会均等，所以嵌入效率 $E=k/((2^k-1)/2^k)=(k\times2^k)/(2^k-1)$。所以，$k=3$ 时，$E=(3\times2^3)/(2^3-1)=24/7\approx3.43$

(3)解：

使用 F5 算法：

编号	1	2	3	4	5	6	7	9	9
系数 1	7	27	-1	1	-22	-14	4	8	-7
表征	1	1	0	1	1	1	0	0	0
编码	1	1		0	0		0	0	
信息	0	1		0	1			1	1
系数 2	6	27	-1	1	-21	-14	4	8	-6

系数 1 为 9 个系数原始值；根据正奇负偶表示 1，负奇正偶表示 0，将 9 个系数进行替

换,并对其进行矩阵编码;编码结果与秘密信息比对,并确定需要修改哪一个系数,若需要修改,则保持其符号,绝对值减1,得到嵌入秘密信息后的系数为6,27,−1,1,−21,−14,4,8,−6。

不采用矩阵编码:

编号	1	2	3	4	5	6	7	9	9
系数1	7	27	−1	1	−22	−14	4	8	−7
表征	1	1	0	1	1	1	0	0	0
信息	1	0	1	1	0	1	1		
系数2	7	26	0	1	−21	−14	3	8	−7

若嵌入产生0系数,则在后续系数继续隐藏同一比特,因此嵌入秘密信息后的系数为7,26,0,1,−21,−14,3,8,−7。

(4)解:

编号	1	2	3	4	5	6	7	9	9
系数1	1	24	−1	1	−26	−14	4	2	−11
表征	1	0	0	1	1	1	0	0	0
编码	1	0		0	0		0	0	

提取的秘密信息为:1,0,0,0,0,0。

5.

(1)解:

颜色及编号	0 24,231,117	1 40,215,206	2 251,241,57	3 238,70,87
近似亮度	158	162	226	122
亮度序号	1	2	3	0

像素值1	2	0	3	2	3	1
亮度1	3	1	0	3	0	2
秘密信息	1	1	1	0	0	1
亮度2	3	1	1	2	0	3
像素值2	2	0	0	1	3	2

像素值变为200132。

若亮度按降序排列,则答案如下:

颜色及编号	0 24,231,117	1 40,215,206	2 251,241,57	3 238,70,87
近似亮度	158	162	226	122
亮度序号	2	1	0	3

像素值1	2	0	3	2	3	1
亮度1	0	2	3	0	3	1
秘密信息	1	1	1	0	0	0
亮度2	1	3	3	0	2	0
像素值2	1	3	3	2	0	2

像素值变为 133202。

（2）解：

像素值	2	1	3	0	3	1
亮度	3	2	0	1	0	2
秘密信息	1	0	0	1	0	0

则秘密信息为 100100。

若亮度按降序排列：

像素值	2	1	3	0	3	1
亮度	0	1	3	2	3	1
秘密信息	0	1	1	0	1	1

则秘密信息为 011011。

6.

（1）解：

阈值为 $4 \times 0.45 = 1.8$。

	像素	3rd.	2nd.	1st.
载体	111 110 100 001	1 1 1 0	1 1 0 0	1 0 0 1
复杂度		2>1.8	2>1.8	4>1.8
秘密信息		1 0 1 0	1 1 1 1	1 0 0 1
复杂度		2>1.8	0<1.8	4>1.8
共轭			0 1 1 0	
载体	101 010 110 001	1 0 1 0	0 1 1 0	1 0 0 1

嵌入秘密信息后，像素值变为 5 2 6 1，第二比特平面作了共轭。

（2）解：

	像素	3rd.	2nd.	1st.
载体	111 110 100 001	1 1 1 0	1 1 0 0	1 0 0 1
复杂度		2>1.8	2>1.8	4>1.8
秘密信息		1 1 1 0	1 1 0 0	1 0 0 1

提取的秘密信息为 1001 1100 1110。

若秘密信息按降序（先高比特平面，再低比特平面）则秘密信息为 1110 1100 1001。

（3）解：

若 $\alpha>0.5$，则当秘密信息构成的比特平面复杂度小于阈值时，共轭处理后，小块的复杂度仍然会小于阈值，这样，会造成特定组合的秘密信息无法嵌入。

α 越大，满足嵌入要求的小块越少，相应地对图像的改动越少，感官质量应该越好，嵌入的比特数也越少，因此 α 会影响算法的容量和透明性。

综合复习题二参考答案

一、选择题

1. C 2. D 3. B 4. D 5. D 6. B 7. BAFDE 8. B 9. A 10. C 11. C
12. C 13. C 14. C 15. C 16. C 17. B

二、填空题

1. 时域掩蔽、同时掩蔽、超时掩蔽、滞后掩蔽

2. 透明度、容量、鲁棒性

3. 静态、动态、代码、数据

4. 00010010、00110111、01010010

5. 应用基础研究、应用技术研究、基础理论研究

三、名词解释,写出简写的中文名称

1. 离散小波变换

2. 平均意见分

3. 峰值信噪比

4. 人类听觉系统

5. 离散傅里叶变换

四、简答题

1. 密码学:乱码、签名和消息分离、雪崩效应。信息隐藏:自然载体、不易隔离、影响范围小。

2. 被动隐写分析:判断是否隐写及隐写使用的算法。特点:判断。

主动隐写分析:判断是否隐写,估计隐藏秘密信息的位置与数量,推算出所使用的密钥,并提取出秘密信息。特点:通过分析判断并提取信息。

五、判断题

1. (T) 2. (T) 3. (F) 4. (T) 5. (F) 6. (T) 7. (F) 8. (F) 9. (T)
10. (F) 11. (F) 12. (F) 13. (F) 14. (F) 15. (F) 16. (F)

六、综合实践题

解:

第一步 attack09:01100001,01110100,01110100,01100001,
       01100011,01101011,00110000,00111001;

第二步

$$\begin{bmatrix} 138 & 145 & 149 & 152 & 154 & 154 & 154 & 155 \\ 144 & 151 & 153 & 157 & 158 & 157 & 156 & 156 \\ 150 & 155 & 161 & 163 & 158 & 157 & 156 & 156 \\ 158 & 161 & 163 & 160 & 160 & 158 & 158 & 159 \\ 158 & 161 & 161 & 162 & 162 & 154 & 155 & 155 \\ 160 & 161 & 161 & 160 & 161 & 156 & 157 & 157 \\ 162 & 162 & 161 & 163 & 162 & 156 & 156 & 156 \\ 162 & 162 & 161 & 161 & 163 & 158 & 158 & 158 \end{bmatrix}$$

七、设计题

1. 解：（1）计算亮度为 157.5,161.6,225.6,122.1。

隐藏后的像素值为 200131。

（2）秘密信息为 100100。

2. 解：隐藏前后游程图像没有变化。

3. 解：正确率 76%；误判率 8%；漏判率：16%。

4. 解：

隐藏后的灰度值

$$\begin{bmatrix} 1 & 3 & 2 & 3 \\ 5 & 4 & 1 & 7 \\ 8 & 6 & 7 & 9 \\ 3 & 4 & 7 & 7 \end{bmatrix}$$

原始直方图

值	0	1	2	3	4	5	6	7	8	9
次数	0	1	2	2	2	1	2	4	1	1

隐藏后的直方图

值	0	1	2	3	4	5	6	7	8	9
次数	0	2	1	3	2	1	1	4	1	1

5. 提取后的秘密信息为(1,0，无效)。

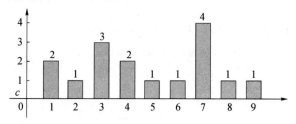

参 考 文 献

[1] 胡光锐.语音处理与识别[M].上海:上海科学技术参考文献出版社,1994.

[2] 杨行峻,迟惠生,等.语音信号数字处理[M].北京:电子工业出版社,1995.

[3] 陈国,胡修林,张蕴玉,等.语音质量客观评价方法研究进展[J].电子学报,2001,29(4):548-552.

[4] IEEE. IEEE recommended practice for speech quality measurements [J]. IEEE Trans. On Audio and Electroacoust,1969,9:227-246.

[5] Kitawaki N, Honda M, Itoh K. Speech quality assessment methods for speech coding systems [J]. IEEE Communications Magazine, 1984, 22(10):26-33.

[6] Voiers W D. Diagnostic Evaluation of speech Intelligility [M]. in M. E. Hawley (Ed.), Benchmark Papers in Acoustics, Stroudsburg, PA: Dowden, Hutchenson and Ross, 1977.

[7] Voiers W D. Diagnostic acceptability measure for speech communication systems [A]. Proc. 1977 IEEE ICASSP [C], 1977: 204-207.

[8] Quackenbush S R, Barnwel Ⅲ T P. Clements M A. Objective measures of speech quality [M]. Englewood Cliffs, NJ: Prentice Hall, 1988.

[9] Lam K H, Au O C. Objective speech measure for Chinese in wireless environment [A]. Proc. 1995 IEEE ICASSP [C], 1995:277-280.

[10] 陈逢时.子波变换理论及其在信号处理中的应用[M].北京:国防工业出版社,1998.

[11] 宗孔德.多抽样率信号处理[M].北京:清华大学出版社,1996.

[12] 林丕源,蒲和平.计算机图形图像处理应用技术[M].成都:电子科技大学出版社,1998.

[13] 李建平,唐远炎.小波分析方法的应用[M].重庆:重庆大学出版社,1999.

[14] 胡国荣.数字视频压缩及其标准[M].北京:北京广播学院出版社,1999.

[15] 魏政刚,袁杰辉,蔡元龙.一种基于视觉感知的图像质量评价方法[J].电子学报,1999,27(4):79-82.

[16] 栗振风,丁艺芳,张文俊.一种基于视觉加权处理的图像质量评价方法[J].上海大学学报(自然科学版),1998,6(4):645-652.

[17] 沈庭芳,方子文.数字图像处理及模式识别[M].1998.

[18] Simmons,G J. The Prisoners' Problem and the Subliminal Channel. In Advances in Cryptolopy, Proceedings of CRYPTO'83, Plenum Press, 1984:51-67.

[19] Stefan Katzenbeisser, Fabien A P, Petitcolas. Information Hiding Techniques for Steg- anography and Digital Watermarking, Artech House, Inc. , 2000.

[20] 吴秋新,钮心忻,杨义先,等.信息隐藏技术——隐写术与数字水印[M].杨晓兵,译.

北京：人民邮电出版社，2001.

[21] Anderson R J. Stretching the Limits of Steganography [J]. Information Hiding: First International Workshop, Proceedings, Lecture Notes in Computer Science, Springer, 1996, 1174 :39-48.

[22] Anderson R J, Petitcolas F A P. On the Limits of Steganography [J]. IEEE Journal of Selected Area in Communications, 1998, 16(4):474-481.

[23] Cachin C. An Information Theoretic Model for Steganography[J]. Proceeding of the Second International Workshop on Information Hiding, Vol. 1525 of Lecture Notes in Computer Science, Springer, 1998:306-318.

[24] Cox I J, et al. Secure Spread Spectrum Watermarking for Multimedia[M]. Technical report, NEC Institute, 1995.

[25] Barni M, Bartolini F, Cox I J, et al. Perez-Gonzalez, Digital watermarking for copyright protection: a. communications perspective[J]. IEEE Comm. Magazine, 2001,39 (8): 90-91.

[26] Barni M, Podilchuk C I, Bartolini F, et al. Watermark embedding: hiding a signal within a cover image[J]. IEEE Comm. Magazine, 2001, 39(8):102-108.

[27] Hernandez Martin J R, Kutter M. Information retrieval in digital watermarking [J]. IEEE Comm. Magazine, 2001, 39(8): 110 -116.

[28] oloshynovskiy V S, Pereira S, Pun T, et al. Attacks on digital watermarks: classification, estimation based attacks, and benchmarks[J]. IEEE Comm. Magazine, 2001, 39 (8): 118-126

[29] Ramkumar M, Akansu A N. Capacity estimates for data hiding in compressed images, Image Processing[J]. IEEE Transactions on, 2001, 10(8):1252 – 1263.

[30] Cox I J, Miller M L, McKellips A L. Watermarking as communications with side information [J]. Proceedings of the IEEE, 1999, 87(7): 1127 – 1141.

[31] Moulin P, O'Sullivan J A. Information-Theoretic Analysis of Information Hiding [J]. IEEE Transctions on Information Theory, 2003,49(3):563-593.

[32] Taylor Clelland C, Risca V, Bancroft C. Hiding Messages in DNA Microdots[J]. Nature, 1999, 399(10): 533-534.

[33] Smith J,Comiskey B. Modulation and Information Hiding in Images[J]. Information Hiding:First International workshop,Proceedings,vol. 1174 of Lecture Notes in Computer Science,Springer,1996:207-227.

[34] Tirkel A, Rankin G, van Schyndel R, et al. Electronic water mark[J]. Proc. DICTA 1993,12:666-672.

[35] Bender W, Gruhl D, Morimoto N, et al. Techniques for data hiding[J]. IBM System Journal, 1996,35(3,4): 313-336.

[36] Pitas I, Kaskalis T H. Applying signatures on digital images[J]. Proc. IEEE Workshop Nonlinear Image and Signal Processing, 1995,6:460-463.

[37] Brassil J, Low S, Maxemchuk N, et al. Electronic making and identification tech-

niques to discourage document copying [J]. Proc. Of Inforcom'94, 1994: 1278-1287.

[38] Hartung F, Girod B. Watermarking of MPEG-2 encoded video without decoding and reencoding[J]. Multimedia Computing and Networking, 1997, 3020:264-273.

[39] Koch E, Zhao J. Toward robust and hidden image copyright labeling[J]. Proc. Workshop Nonlinear Signal and Image Processing, 1995.

[40] Cox I J, Killian J, Leighton F T, et al. Secure Spread Spectrum Watermarking for Multimedia[J]. IEEE Transactions on Image Processing, 1997, 6(12) :1673-1687.

[41] C I Podilchuk, Zeng W. Image-Adaptive Watermarking Using Visual Models[J]. IEEE Journal on Special Areas in Communications, 1998, 16(4):525-539.

[42] Hsu C T, Wu J L. Hidden Digital Watermarks in Images[J]. IEEE Trans. Image Processing, 1999, 8:58-68.

[43] Chun-Shien Lu, Hong-Yuan Mark Liao, Shi-Kun Huang Chwen-Jye Sze. Cocktail Watermarking on Images[J]. Preliminary Procedings of The Third International Information Hiding Workshop, Sep. 29-Oct. 1, 1999:376-389.

[44] Cox I J, Miller M L. A review of watermarking and the improtance of perceptual modeling[J]. Porc. SPIE Human Vision and Elect. Imageing Ⅱ, vol. SPIE, vol. 3016, Feb, 1997

[45] Stefan Katzenbeisser, Fabien A P. Petitcolas, Information Hiding Techniques for Steganography and Digital Watermarking[M]. Artech House, Inc. , 2000.

[46] Bender W, Gruhl D, Morimoto N. Techniques for Data Hiding[J]. Proceedings of the SPIE 2420, Storage and Retrieval for Image and Video Databases Ⅲ, 1995:164-173。

[47] Langelaar G C, Vander Lubbe J C A, Lagendijk R L. Robust Labeling Methods for Copy Protection of Images[J]. Proceedings of SPIE 3022, Storage and Retrieval for Image and Video Databases V, 1997:298-309。

[48] Pitas I, Kaskalis T H. Applying Signatures on Digital Images[J]. IEEE Workshop on Nonlinear Signal and Image Processing, Thessaloniki, 1995:460-463.

[49] 卢开澄. 计算机密码学[M]. 北京:清华大学出版社, 1998.

[50] 刘珺,罗守山,吴秋新,等. 基于中国剩余定理的数字水印分存技术[J]. 北京邮电大学学报, 2002, 25(1):17-21.

[51] 杨晓兵. 信息伪装相关技术的研究[D]. 北京:北京邮电大学, 2002.

[52] Lin T, Delp E J. A review of fragile image watermarks[D]. Multimedia and Security Workshop at ACM Multimedia 99, Orlando, FL, USA, 1999.

[53] Fridrich J. Method for tamper detection in digital images[D]. Multimedia and Security Workshop at ACM Multimedia 99, Orlando, FL, USA, 1999.

[54] 胡昌利. 字视频水印[D]. 北京:北京邮电大学, 2003.

[55] Wen-Nung Lie, Li-Chun Chang. Robust and high-quality time-domain audio watermarking subject to psychoacoustic masking[J]. Circuits and Systems, 2001. ISCAS

2001. The 2001 IEEE International Symposium on，2001，2(2)：45 -48 .

[56] 钮心忻,杨义先.基于小波变换的数字水印隐藏与检测算法[J].计算机学报,2000,23 (1):21-27.

[57] Kirovski D，Malvar H. Robust spread-spectrum audio watermarking[J]. Acoustics，Speech，and Signal Processing，2001. Proceedings. 2001 IEEE International Conference on，2001，3：1345-1348.

[58] Klara Nahrstedt,Lintian Qiao. Non-Invertible Watermarking Methods for MPEG Video and Audio[J]. Multimedia and Security Workshop at ACM Multimedia '98. Bristol，U. K. ，1998,9:93-98.

[59] Moriya T,Takashima Y,Nakamura T, et al. Digital watermarking schemes based on vector quantization[J]. Speech Coding For Telecommunications Proceeding， 1997，1997 IEEE Workshop on，1997：95-96.

[60]Carver S，Yeo B L，Yeung M. Technical Trials and Legal Tribulations[J]. Communications of the ACM，1998，41(7):44-54.

[61] Stirmark，http://www. cl. cam. ac. uk/～fapp2/watermarking/stirmark.

[62] Craver S，memon N，Yeo B L，et al. Can invisible watermarks resolve rightful ownerships. Proceedings of IS&T/SPIE Electronic Imaging-Storage and Retrieval of Image and Video Databases (San Jose. S, Calif. , Feb. 13-14). SPIE，1997： 310-321.

[63] UnZign watermark removal software. http://altrn. org/watermark/，1997.

[64] Petitcolas F A P，Anderson R J，Kuhn M G. Attacks on Copyright Marking Systems[J]. Proceedings of the Second International Workshop on Information Hiding，Lecture Notes in Computer Science，Springer，1999，1525：218-238.

[65] Steinebach M，Petitcolas F A P,Raynal F, et al. StirMark benchmark：audio watermarking attacks[J]. Information Technology：Coding and Computing，2001. Proceedings. International Conference on，2001：49 － 54.

[66] Pereira S，Voloshynovkiy S，Maribel Madueno，et al. Second generation Benchmarking and Application Oriented Evaluation[M]. Berlin：Springer-verlag,2001.

[67] Solachidis V，Tefas A，Nikolaidis N，et al. A benchmarking protocol for watermarking methods[J]. Proceedings of 2001 IEEE International Conference on Image Processing(ICIP'01)，Thessaloniki,Greece,2001,1023-1026.

[68] 杨义先,钮心忻.数字水印理论与技术[M].北京:高等教育出版社,2006.

[69] 钮心忻.信息隐藏与数字水印[M].北京:北京邮电大学出版社,2004.

[70] 姚东,王爱民,等.Matlab 命令大全[M].北京:人民邮电出版社,2000.

[71] 许波,刘征.Matlab 工程数学应用[M].北京:清华大学出版社,2000.

[72] 眭新光,罗慧.一种安全的基于文本的信息隐藏技术[M].计算机工程,2005,31(12)： 136-138.

[73] 黄革新,肖竞华.基于 BMP 图像信息隐藏技术的研究与实现[M].电脑与信息工程. 2004:17-26.

[74] 龙银香.基于 HTML 标签的信息隐藏模型[M].计算机应用研究,2007,24(5):137-140.

[75] 周振宇.数字调色板图像中的安全隐写研究[D].上海:上海大学,2006.

[76] 李娜,王小铭.基于调色板的信息隐藏技术[J].MODERN COMPUTER,2007,8:34-36.

[77] 伍宏涛,杨义先.基于调色板图像的信息隐藏技术研究[J].计算机工程与应用,2005,1:51-76.

[78] 杨成,杨义先,等.有效的调色板图像水印算法[J].中山大学学报(自然科学科),2004,43(2):128-131.

[79] 董刚,张良,等.一种半脆弱性数字图像水印算法[J].通信学报,2003,23(1):33-38.

[80] 李跃强.数字音频水印研究[D].湖南:湖南大学,2005.

[81] 高明.一种可抵抗 RS 掩密分析方法的掩密算法[J].电子科技,2007,4:83-86.

[82] 王炳锡,彭天强.信息隐藏技术[M].北京:国防工业出版社,2007.

[83] 王丽娜,郭迟.信息隐藏技术试验教程[M].武汉:武汉大学出版社,2004.

[84] 葛秀慧,田浩.信息隐藏原理及应用[M].北京:清华大学出版社,2008.

[85] 张立和,周继军.透视信息隐藏[M].北京:国防工业出版社,2007.

[86] 金聪.数字水印理论与技术[M].北京:清华大学出版社,2008.

[87] 刘建伟,张卫东,刘培顺,等.网络安全实验教程[M].北京:清华大学出版社,2007.

[88] 孙圣和,陆哲明,牛夏牧,等.数字水印技术及应用[M].北京:科学出版社,2004.

[89] 王朔中,张新鹏,张开文,等.数字密写和密写分析[M].北京:清华大学出版社,2005.

[90] 王炳锡,陈琦,邓峰森.数字水印技术[M].西安:西安电子科技出版社,2003.

[91] 高海英.音频信息隐藏和 DRM 的研究[D].北京:北京邮电大学,2003.

[92] 袁开国,杨榆,杨义先.音频信息隐藏技术研究[J].中兴通讯技术,2007,23(5):6-9.

[93] 高海英,吕锐.MIDI 数字水印算法[J].微电子学与计算机,2007,24(11):83-88.

[94] 徐迎晖,杨榆,等.基于语义的文本信息隐藏[J].计算机系统应用,2006,6:91-94.

[95] Wei Zeng, Haojun Ai, Ruimin Hu, Bo Liu, Shang Gao. Steganalysis of LSB Embedding in Audio Signals Based on Sample Pair Analysis[C], 2007 International Conference on Wireless Communications, Networking and Mobile Computing, 2007,2960-2963